普通高等教育"十三五"规划教材

数字信号处理学习教程

主　编　原　萍　彭乐乐

主　审　郑树彬

西南交通大学出版社

·成　都·

内容提要

学习"数字信号处理"课程若不进行大量的练习，很难说能把它学好. 本书的核心之处在于通过课后习题、各种类型题的练习和软件的使用，达到预期的教学目的. 本书将内容分为 3 篇，共 10 章，第 1 篇是以知识结构图形式呈现的学习指导及与数字信号处理相配套的教材习题详解；第 2 篇是提高篇，它将知识按不同题型进行了归纳和梳理；第 3 篇是强化篇，它是按教材知识点出现的先后顺序再基于 MATLAB 开发的同步学习软件.

本书可作为本科生和硕士生学习"数字信号处理"课程的辅助教材，也可作为致力于考研学生的参考书.

图书在版编目（ＣＩＰ）数据

数字信号处理学习教程／原萍，彭乐乐主编. 一成都：西南交通大学出版社，2019.7
普通高等教育"十三五"规划教材
ISBN 978-7-5643-6967-5

Ⅰ. ①数… Ⅱ. ①原… ②彭… Ⅲ. ①数字信号处理
– 高等学校 – 教材 Ⅳ. ①TN911.72

中国版本图书馆 CIP 数据核字（2019）第 136774 号

普通高等教育"十三五"规划教材

数字信号处理学习教程	主编	原　萍 彭乐乐	责任编辑 封面设计	张宝华 何东琳设计工作室

印张：11　　字数：275千

成品尺寸：185 mm × 260 mm

版次：2019年7月第1版

印次：2019年7月第1次

印刷：成都蜀雅印务有限公司

书号：ISBN 978-7-5643-6967-5

出版发行：西南交通大学出版社

网址：http://www.xnjdcbs.com

地址：四川省成都市二环路北一段111号
西南交通大学创新大厦21楼

邮政编码：610031

发行部电话：028-87600564　028-87600533

定价：35.00元

课件咨询电话：028-87600533

图书如有印装质量问题　本社负责退换

版权所有　盗版必究　举报电话：028-87600562

前　言

作为主讲"数字信号处理"课程多年的教师，接触了太多认为该课程比较难学并希望有同步学习的辅导书籍的学生，他们迫切需要带有书后习题解答的书籍，作为回应，我们出了这本书.

一本好书，对读者来讲，其重要性是不言而喻的. 在教学内容方面，本书以独特的视角将理论知识加以梳理，并将知识点及其相互贯通的知识结构呈现出来，让读者能一目了然地看清所学知识及其内在联系，从而在头脑中形成深刻的印象，而对知识难点和知识重点的概括也力求简明扼要，但又不显粗糙；在配套教材习题解答部分，做到了尽可能地将习题的多种解法一一列出，且步骤也尽可能地详细，也许个别之处对有些读者来讲会感觉多此一举，实则它有助于启发学生多角度地思考问题，进而形成某种解题的新思路并养成良好的思维方式.

本书因得到上海工程技术大学校内教学项目的支持才得以完成，故此，第 1 篇的编写倾向于本校学生使用，没有将教材第 5 章和第 6 章的书后习题列入. 而第 2 篇和第 3 篇则面向所有读者编写，其中，第 2 篇主要是各种类型题的归纳和详解，包括填空题、选择题、判断题、验证题、计算题和自测试题等. 这样的安排在目前市面上已有的书籍中很少看到，它不仅对学习这门课的学生有帮助，更对考研的学生有帮助，因为其中有一些非常新颖的题目及其独特的解法. 第 3 篇充分体现了独特性和唯一性. 我们知道，当下学习这门课程早已不限制于单纯地学习理论了，因为 MATLAB 是很好的辅助学习软件. 不过本书确也与一些将 MATLAB 应用到数字信号处理的书籍不同，本书的眼光放开了，虽然有些局限性，但我觉得这对学生的学习还是有帮助的. 其做法是依据 MATLAB 平台按教学内容开发了一个自学软件，能达到同类教材无法比拟的借用 MATLAB 可使深奥的理论知识直观化的效果，从而提升了学生对知识的理解能力. 其突出的优势则是无须懂得 MATLAB 语言即可使用本软件.

当然，编写和出版本书离不开他人的帮助和支持，在此一并表示感谢，特别要感谢参与编写工作的同行，也要感谢那些我们参考过的带有考研仿真试卷的书籍的作者.

由于编者水平有限，书中不足之处在所难免，恳请读者批评指正.

编　者

2019 年 2 月

目　录

第 3 篇　数字信号处理仿真分析

第1篇　学习指导与练习题详解

　　数字信号处理是一门极其重要的学科和技术，它用数字或符号的序列来表示信号，再通过计算机、数字处理器件或设备去处理这些序列，从而达到提取有用信息的目的. 学习"数字信号处理"课程的目标可以概括为针对数字信号处理理论，建立基本概念，掌握基本分析方法，学会运用主要的分析和设计工具. 为此，本篇主要涉及各章节的知识要点、针对难点或重点的典型题以及书后习题详解.

第0章　绪　论

0.1　学习指导

本章知识点与知识结构：

要　点

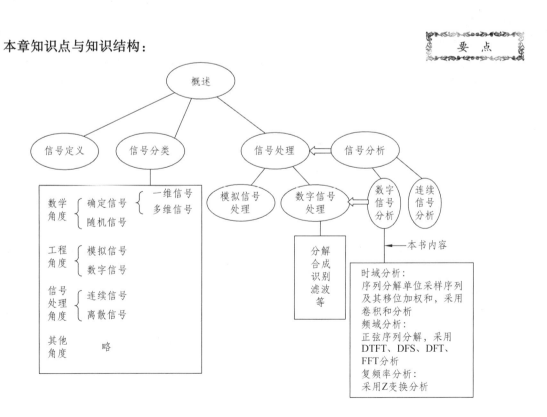

-1-

0.2 思考题

1. 信号采用数字处理与模拟处理的手段有什么不同？

答： 模拟信号处理采用模拟系统，系统的输入和输出均为模拟信号；数字信号处理采用数字系统，系统的输入和输出均为数字信号．目前，工程上大都将模拟信号数字化后采用数字处理．

2. 数字信号处理有哪些优点？

答： 数字信号处理精度高、可靠性高、灵活性强，且便于实现大规模集成，从而获得高性能指标．当然，它可进行二维与多维处理．

3. 数字信号处理的实现方式有哪些？

答： 数字信号处理的实现方式分为软件实现、硬件实现和软硬实现．

（1）硬件实现方式．

硬件实现采用三种运算器，即加法器、乘法器、延时器组合设计，适合于各种应用场合的数字电路系统，以完成序列运算．它的一大优点是处理速度快．

（2）软件实现方式．

软件实现是利用通用计算机或嵌入式系统通过编写程序对输入信号进行预期的处理．以往仅仅在对实时性无要求或要求不高的场合使用这种方式，现如今软件方式同样可以达到较高的实时性处理要求．

（3）软硬实现方式．

软硬实现是用基本的数字硬件组成专用处理机或用专用数字信号处理芯片作为数字信号处理器，采用高级语言编程对信号进行处理．

4. 实际信号在时域和频域上各有什么特点？

答： 实际信号，在时域上是连续时间信号且持续时间较长，而在频域上，其频谱是连续的．

5. 世界上垄断市场的 DSP 芯片生产商有哪些？

答： 世界上垄断市场的三大 DSP 芯片生产商有德克萨斯公司（TI）、模拟器件公司（ADI）和摩托罗拉公司（Motorola）．

6. 在 A/D 变换之前和 D/A 变换之后都要让信号通过一个低通滤波器，它们分别起什么作用？

答： 在 A/D 变换之前让信号通过一个低通滤波器，是为了限制信号的最高频率，使其满足当采样频率一定时，采样频率应大于等于信号最高频率 2 倍的条件．此滤波器亦称为"抗折叠"滤波器．在 D/A 变换之后让信号通过一个低通滤波器，是为了滤除高频延拓谱，以便把抽样保持的阶梯形输出波平滑化，故又称之为"平滑"滤波器．

第1章 离散时间信号与离散时间系统

1.1 学习指导

预备知识：

欧拉公式：$e^{j\theta} = \cos\theta + j\sin\theta$.

所以 $\sin\theta = \dfrac{e^{j\theta} - e^{-j\theta}}{2j}$， $\cos\theta = \dfrac{e^{j\theta} + e^{-j\theta}}{2}$.

等比数列前 n 项和：$S_n = \dfrac{a_1(1-q^n)}{1-q}$， $q \neq 1$.

本章知识点与知识结构：

要 点

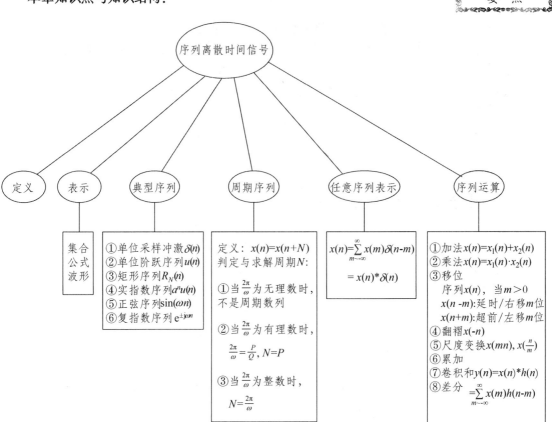

序列离散时间信号

| 定义 | 表示 | 典型序列 | 周期序列 | 任意序列表示 | 序列运算 |

集合
公式
波形

①单位采样冲激$\delta(n)$
②单位阶跃序列$u(n)$
③矩形序列$R_N(n)$
④实指数序列$a^n u(n)$
⑤正弦序列$\sin(\omega n)$
⑥复指数序列$e^{\pm j\omega n}$

定义：$x(n)=x(n+N)$
判定与求解周期N：

①当$\dfrac{2\pi}{\omega}$为无理数时，
不是周期数列

②当$\dfrac{2\pi}{\omega}$为有理数时，
$\dfrac{2\pi}{\omega} = \dfrac{P}{Q}$，$N=P$

③当$\dfrac{2\pi}{\omega}$为整数时，
$N = \dfrac{2\pi}{\omega}$

$x(n) = \sum\limits_{m=-\infty}^{\infty} x(m)\delta(n-m)$
$= x(n)*\delta(n)$

①加法$x(n)=x_1(n)+x_2(n)$
②乘法$x(n)=x_1(n)\cdot x_2(n)$
③移位
序列$x(n)$，当$m>0$
$x(n-m)$:延时/右移m位
$x(n+m)$:超前/左移m位
④翻褶$x(-n)$
⑤尺度变换$x(mn)$，$x(\frac{n}{m})$
⑥累加
⑦卷积和$y(n)=x(n)*h(n)$
⑧差分 $=\sum\limits_{m=-\infty}^{\infty} x(m)h(n-m)$

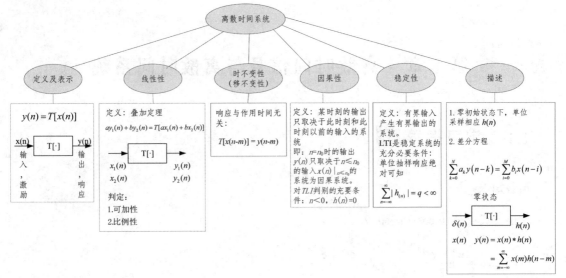

难点：卷积及其计算.

定义：$x(n)$ 和 $h(n)$ 两个序列的卷积运算定义为

$$y(n) = x(n) * h(n) = \sum_{m=-\infty}^{\infty} x(m)h(n-m) \, ,$$

式中 m 是哑变量，n 是参变量，n 的取值个数定义为 $y(n)$ 的长度.

对求取每一个 n 的 $y(n)$ 都要将 $x(n)$ 和 $h(n)$ 用哑变量 m 替换后经历翻褶、移位、相乘、相加四个步骤. 要特别注意：在 n 的不同时间段上求和范围不同时，要分段求解.

长度：如果 $x(n)$ 和 $h(n)$ 两个序列的长度分别是 N 和 M，那么，卷积后的序列 $y(n)$ 的长度为 $(N+M-1)$.

求解方法：卷积运算的求解方法有解析法、图解法和图表法、利用重要不等式求解、利用 DFT 卷积性质求解（见第 4 章）以及利用点数大于 $y(n)$ 长度的循环卷积求解（见第 4 章）.

1.2　思考题与典型题

1. $x(n)$ 中的 n 表示什么？$x(n)$ 中的 $n=0, n=1$ 和 $n=-1$ 又分别表示什么？

答：$x(n)$ 中的 n 表示采样离散时间点，并且只能为整数.

$x(n)$ 中的 $n=0$ 表示当前采样时刻（正在发生，其值可看成已知的）；$n=1$ 表示下一个采样时刻（还未发生，是将来的情况，其值可看成未知的，即使是确定信号，其值也只可说是可以预测的）；$n=-1$ 表示上一个采样时刻（已经发生了，变成了历史，其值可看成已知的，且是不可改变的）.

2. 已知序列 $x(n) = 2^n u(-n-1)$ 和 $h(n) = 0.5^n u(n)$，求卷积 $y(n) = x(n) * h(n)$.

解：因为 $y(n) = x(n) * h(n) = \sum_{m=-\infty}^{\infty} x(m)h(n-m)$，所以当 $n \geq 0$ 时，

$$y(n) = \sum_{m=-\infty}^{-1} 2^m \cdot 0.5^{n-m} = \sum_{m=-\infty}^{-1} 2^{2m} 2^{-n} = 2^{-n} \sum_{m=1}^{\infty} 2^{-2m} = 2^{-n} \frac{2^{-2}}{1-2^{-2}} = \frac{2^{-n}}{3} \, ;$$

当 $n \leqslant -1$ 时，

$$y(n) = \sum_{m=-\infty}^{n} 2^m \cdot 0.5^{n-m} = \sum_{m=-\infty}^{n} 2^{-n} \cdot 2^{2m} = 2^{-n} \sum_{m=-\infty}^{n} 2^{2m}$$

$$= 2^{-n} \sum_{m=n}^{\infty} 2^{-2m} = 2^{-n} \cdot \frac{2^{2n}}{1 - 2^{-2}} = \frac{4}{3} \cdot 2.$$

 注释：

本题利用了等比递减数列前 **n** 项和公式，即 $S_n = \dfrac{a_1}{1-q}$ ，其中 a_1 是首项，**q** 是公比.

3. 序列 $x(n)$ 和 $h(n)$ 如图 1.1 所示，求卷积 $y(n) = x(n) * h(n)$.

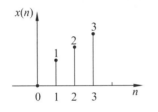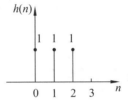

图 1.1

解：采用列表法求解.

首先，将 $x(n)$ 和 $h(n)$ 表达成集合形式，即

$$x(n) = \{0, 1, 2, 3\}, \quad h(n) = \{1, 1, 1\}.$$

显然，$x(n)$ 的长度 N 为 4；$h(n)$ 的长度 M 为 3. 所以 $y(n)$ 的长度为

$$N + M - 1 = 4 + 3 - 1 = 6.$$

列表 1.1 如下：

表 1.1

n/m	−3	−2	−1	0	1	2	3	4	5	$y(n)$
$x(m)$				0	1	2	3			
$h(m)$				1	1	1				
$h(-m)$		1	1	1						$y(0)=0$
$h(1-m)$			1	1	1					$y(1)=1$
$h(2-m)$				1	1	1				$y(2)=3$
$h(3-m)$					1	1	1			$y(3)=6$
$h(4-m)$						1	1	1		$y(4)=5$
$h(5-m)$							1	1	1	$y(5)=3$

注：表 1.1 中空白项（未写数字）为零.

因为 $y(n) = x(n) * h(n) = \sum\limits_{m=-\infty}^{\infty} x(m)h(n-m)$，所以由表 1.1 得

$$y(0) = \sum_{m=-\infty}^{\infty} x(m)h(-m)，\quad y(1) = \sum_{m=-\infty}^{\infty} x(m)h(1-m)，\quad y(2) = \sum_{m=-\infty}^{\infty} x(m)h(2-m)，$$

$$y(3) = \sum_{m=-\infty}^{\infty} x(m)h(3-m)，\quad y(4) = \sum_{m=-\infty}^{\infty} x(m)h(4-m)，\quad y(5) = \sum_{m=-\infty}^{\infty} x(m)h(5-m).$$

因此可得出

$$y(0) = 0\times1 + 0\times1 + 0\times1 + 1\times0 + 2\times0 + 3\times0 = 0，$$
$$y(1) = 0\times1 + 0\times1 + 1\times1 + 2\times0 + 3\times0 = 1，$$
$$y(2) = 0\times1 + 1\times1 + 2\times1 + 3\times0 = 3，$$
$$y(3) = 1\times1 + 2\times1 + 3\times1 = 6，$$
$$y(4) = 2\times1 + 3\times1 = 5，$$
$$y(5) = 3\times1 = 3.$$

所以，$y(n) = \{0,1,3,6,5,3\}$

1.3 习题解答

1. 用单位脉冲序列 $\delta(n)$ 的加权和表示图 1.2 所示的序列.

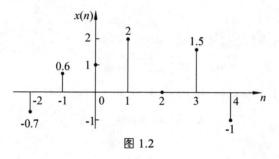

图 1.2

解：加权和表示如下：

$$x(n) = -0.7\delta(n+2) + 0.6\delta(n+1) + \delta(n) + 2\delta(n-1) + 1.5\delta(n-3) - \delta(n-4).$$

2. 写出图 1.3 所示的各序列的表达式.

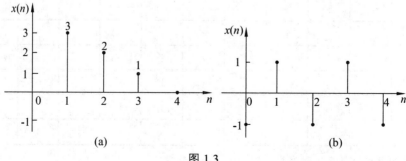

(a)   (b)

图 1.3

解：图 1.3（a）：$x(n) = 4 - n$，$1 \leqslant n \leqslant 4$；

图 1.3（b）：$x(n) = (-1)^{n+1}$，$0 \leqslant n \leqslant 4$，或写作 $x(n) = (-1)^{n+1} R_4(n)$.

3. 给定信号

$$x(n) = \begin{cases} 2n+5, & -3 \leqslant n \leqslant -1, \\ 2, & 0 \leqslant n \leqslant 3, \\ 0, & 其他, \end{cases}$$

（1）画出 $x(n)$ 序列的波形，并标注各序列值；

（2）用单位采样序列移位的加权和表示 $x(n)$ 序列；

（3）令 $x_1(n) = x(n-1)$，试画出 $x_1(n)$ 的波形；

（4）令 $x_2(n) = x(n+1)$，试画出 $x_2(n)$ 的波形；

（5）令 $x_3(n) = x(2-n)$，试画出 $x_3(n)$ 的波形.

解：（1）由题意知：

$$x(-3) = 2 \times (-3) + 5 = -1；\quad x(-2) = 2 \times (-2) + 5 = 1；\quad x(-1) = 2 \times (-1) + 5 = 3.$$

所以 $x(n) = \{-1, 1, 3, \underline{2}, 2, 2, 2\}$，如图 1.4（a）所示.

（2）$x(n) = -\delta(n+3) + \delta(n+2) + 3\delta(n+1) + 2\delta(n) + 2\delta(n-1) + 2\delta(n-2) + 2\delta(n-3)$.

（3）$x_1(n) = x(n-1)$ 是由 $x(n)$ 右移 1 位形成的，如图 1.4（b）所示；

（4）$x_2(n) = x(n+1)$ 是由 $x(n)$ 左移 1 位形成的，如图 1.4（c）所示；

（5）$x_3(n) = x(2-n)$ 是由 $x(n)$ 反褶后再右移 2 位形成的，如图 1.4（d）所示.

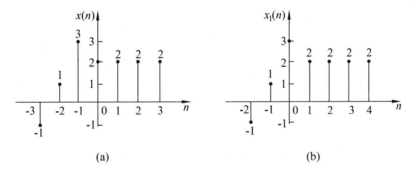

(a)   (b)

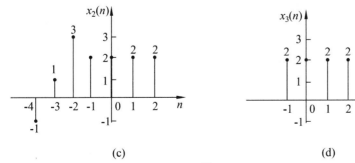

(c)   (d)

图 1.4

4. 判断下面的序列是否是周期的，若是，确定其周期.

（1） $x(n) = \sin(0.8\pi n)$；　　　　　　（2） $x(n) = \cos\left(\dfrac{3}{7}\pi n - \dfrac{\pi}{8}\right)$；

（3） $x(n) = e^{j\left(\frac{1}{8}n - \pi\right)}$；　　　　　　（4） $x(n) = \sin(1.4n)$.

解：（1）由题意知 $\omega = 0.8\pi$，而 $\dfrac{2\pi}{\omega} = \dfrac{2\pi}{0.8\pi} = \dfrac{5}{2}$，是有理数，序列是周期序列，周期 $N=5$；

（2）由题意知 $\omega = \dfrac{3}{7}\pi$，而 $\dfrac{2\pi}{\omega} = \dfrac{2\pi}{\dfrac{3}{7}\pi} = \dfrac{14}{3}$，是有理数，序列是周期序列，周期 $N=14$；

（3）由题意知 $\omega = \dfrac{1}{8}$，而 $\dfrac{2\pi}{\omega} = \dfrac{2\pi}{\dfrac{1}{8}} = 16\pi$，是无理数，序列不是周期序列；

（4）由题意知 $\omega = 1.4$，而 $\dfrac{2\pi}{\omega} = \dfrac{2\pi}{1.4} = \dfrac{10}{7}\pi$，是无理数，序列不是周期序列.

 练习：

增补题
（1） $x(n) = 3\sin(0.05\pi n) + 2\sin(0.12\pi n)$；
（2） $y(n) = 5\cos(0.4\pi n)$；
答案：（1）周期 $N=200$；（2）周期 $N=5$.

5. 对图 1.5 给出 $x(n)$ 的要求：

（1）画出 $x(-n)$ 的波形；

（2）计算 $x_e(n) = \dfrac{1}{2}\big[x(n) + x(-n)\big]$，并画出 $x_e(n)$ 的波形；

（3）计算 $x_o(n) = \dfrac{1}{2}\big[x(n) - x(-n)\big]$，并画出 $x_0(n)$ 的波形；

（4）令 $x_1(n) = x_e(n) + x_o(n)$，将 $x_1(n)$ 与 $x(n)$ 进行比较，你能得到什么结论？

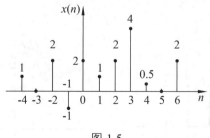

图 1.5

解：由图 1.5 可得

$$x(n) = \{1, 0, 2, -1, \underline{2}, 1, 2, 4, 0.5, 0, 2\}.$$

（1）将 $x(n)$ 以 $n = 0$ 为对称轴左右翻褶得

$$x(-n) = \{2, 0.5, 4, 2, 1, \underline{2}, -1, 2, 0, 1\}.$$

$x(-n)$ 的波形如图 1.6（a）所示.

（2）本小题考察的是加法和乘法运算，经计算得

$$x_e(n) = \frac{1}{2}[x(n) + x(-n)] = \{1, 0, 0.75, 2, 2, 0, \underline{2}, 0, 2, 2, 0.75, 0, 1\}.$$

$x_e(n)$ 的波形如图 1.6（b）所示.

（3）经计算得

$$x_o(n) = \frac{1}{2}[x(n) - x(-n)] = \{-1, 0, 0.25, -2, 0, -1, \underline{0}, 1, 0, 2, -0.25, 0, 1\}.$$

$x_o(n)$ 的波形如图 1.6（c）所示.

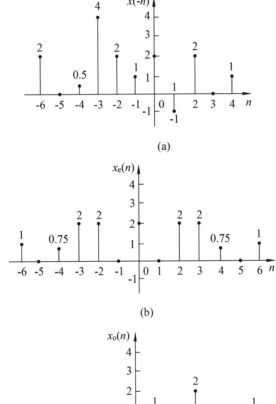

(a)

(b)

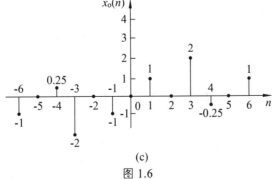

(c)

图 1.6

（4）经计算得

$$x_1(n) = x_e(n) + x_o(n) = \{0, 0, 1, 0, 2, -1, \underline{2}, 1, 2, 4, 0.5, 0, 2\}.$$

与 $x(n)$ 进行比较可见两者相同，即 $x_1(n) = x(n)$.

注释：

本题（4）说明任意实数序列可分解为偶对称序列和奇对称序列之和，其中偶对称序列按本题（2）计算，奇对称序列按本题（3）计算.

即：$x(n) = x_e(n) + x_o(n)$，其中 $x_e(n) = \dfrac{1}{2}[x(n) + x(-n)]$，$x_o(n) = \dfrac{1}{2}[x(n) - x(-n)]$.

6. 设系统分别用下面的差分方程描述，$x(n)$ 与 $y(n)$ 分别表示系统的输入和输出，判断系统是否是线性时不变的.

（1）$y(n) = x(n) + 2x(n-1) + 3x(n-2)$；　　　　（2）$y(n) = 2x(n) + 3$；

（3）$y(n) = x(n-n_0)$，n_0 为整常数；　　　　（4）$y(n) = x(-n)$；

（5）$y(n) = x^2(n)$；　　　　（6）$y(n) = x(n^2)$；

（7）$y(n) = \displaystyle\sum_{m=0}^{n} x(m)$；　　　　（8）$y(n) = x(n)\sin(\omega n)$.

解：（1）①：**线性性判定.**

验证叠加定理是否满足.

因为，当系统输入 $x(n) = ax_1(n)$ 时，系统输出为

$$y_1(n) = T[ax_1(n)] = ax_1(n) + 2ax_1(n-1) + 3ax_1(n-2)$$；

当系统输入 $x(n) = bx_2(n)$ 时，系统输出为

$$y_2(n) = T[bx_2(n)] = bx_2(n) + 2bx_2(n-1) + 3bx_2(n-2)$$；

当系统输入 $x(n) = ax_1(n) + bx_2(n)$ 时，系统输出为

$$
\begin{aligned}
y_3(n) &= T[ax_1(n) + bx_2(n)] \\
&= ax_1(n) + bx_2(n) + 2ax_1(n-1) + 2bx_2(n-1) + 3ax_1(n-2) + 3bx_2(n-2) \\
&= [ax_1(n) + 2ax_1(n-1) + 3ax_1(n-2)] + [bx_2(n) + 2bx_2(n-1) + 3bx_2(n-2)].
\end{aligned}
$$

故　　　　　　$y_3(n) = y_1(n) + y_2(n)$，

即　　　　　　$T[ax_1(n) + bx_2(n)] = T[ax_1(n)] + T[bx_2(n)]$.

所以，叠加定理成立，该系统是线性系统.

② **时不变性判定.**

设系统输入 $x(n) = x(n-m)$，此时系统输出为

$$y_1(n) = T[x(n-m)] = x(n-m) + 2x(n-m-1) + 3x(n-m-2)$$.

再将 $n = n-m$ 代入题目所给的表达式得

$$y(n-m) = x(n-m) + 2x(n-m-1) + 3x(n-m-2).$$

显而易见

$$y(n-m) = y_1(n) = T[x(n-m)].$$

故该系统是时不变系统.

（2）① **线性性判定.**

为方便起见，以下各题简化了书写过程.

因为

$$T[ax_1(n)] = 2ax_1(n) + 3，\quad T[bx_2(n)] = 2bx_2(n) + 3，$$

则

$$T[ax_1(n)] + T[bx_2(n)] = 2ax_1(n) + 2bx_2(n) + 6.$$

又因为

$$T[ax_1(n) + bx_2(n)] = 2ax_1(n) + 2bx_2(n) + 3，$$

显而易见

$$T[ax_1(n) + bx_2(n)] \neq T[ax_1(n)] + T[bx_2(n)].$$

故该系统不是线性系统.

值得一提的是，验证系统不是线性系统时，只需验证它不满足比例性（也称齐次性）或者可加性即可，这样可以简化计算.

比如本题可通过验证比例性说明系统的线性性. 如下：

因为

$$T[ax(n)] = 2ax(n) + 3 \neq 2ax(n) + 3a \neq aT[x(n)]，$$

即系统不满足比例性，故该系统不是线性系统，而是非线性系统.

提示：

比例性：$T[ax(n)] = aT[x(n)]$.

可加性：$T[x_1(n) + x_2(n)] = T[x_1(n)] + T[x_2(n)]$.

另外，如果系统是线性系统，则必然有零输入产生零输出的结论，可据此初步判定系统是否具有线性性，然后再决定是使用叠加定理，还是只需验证比例性或可加性.

② **时不变性判定.**

设系统输入 $x(n) = x(n-m)$，此时系统输出为

$$y_1(n) = T[x(n-m)] = 2x(n-m) + 3.$$

再将 $n = n-m$ 代入题目所给的表达式中得

$$y(n-m) = 2x(n-m) + 3.$$

显而易见

$$y(n-m) = y_1(n) = T[x(n-m)].$$

故该系统是时不变系统.

（3）① **线性性判定**.

分析：当系统输入为零时，容易验证系统输出也为零，初步判定系统可能是线性系统，因此采用叠加定理加以严格证明. 以下各题可做类似判断.

因为
$$T[ax_1(n)] = ax_1(n-n_0), \quad T[bx_2(n)] = bx_2(n-n_0),$$

则
$$T[ax_1(n)] + T[bx_2(n)] = ax_1(n-n_0) + bx_2(n-n_0).$$

又因为
$$T[ax_1(n) + bx_2(n)] = ax_1(n-n_0) + bx_2(n-n_0),$$

显而易见
$$T[ax_1(n) + bx_2(n)] = T[ax_1(n)] + T[bx_2(n)],$$

故该系统是线性系统.

② **时不变性判定**.

设系统输入 $x(n) = x(n-m)$，此时系统输出为
$$y_1(n) = T[x(n-m)] = x(n-m-n_0).$$

再将 $n = n-m$ 代入题目所给的表达式得
$$y(n-m) = x(n-m-n_0).$$

显而易见
$$y(n-m) = y_1(n) = T[x(n-m)].$$

故该系统是时不变系统.

　说明：

　　本小题系统是数字信号处理中最著名的延时器，延时器是一个线性时不变系统. 稍后还将看到它也是一个因果稳定系统.

（4）① **线性性判定**.

因为
$$T[ax_1(n)] = ax_1(-n), \quad T[bx_2(n)] = bx_2(-n),$$

则
$$T[ax_1(n)] + T[bx_2(n)] = ax_1(-n) + bx_2(-n)$$

又因为
$$T[ax_1(n) + bx_2(n)] = ax_1(-n) + bx_2(-n),$$

可见
$$T[ax_1(n) + bx_2(n)] = T[ax_1(n)] + T[bx_2(n)].$$

故该系统是线性系统.

② **时不变性判定.**

设系统输入 $x(n) = x(n-m)$ ，此时系统输出为

$$y_1(n) = T[x(n-m)] = x(-n-m).$$

再将 $n = n-m$ 代入题目所给的表达式中得

$$y(n-m) = x(-n+m).$$

显而易见

$$y(n-m) \neq y_1(n), \ 即 \ y(n-m) = T[x(n-m)].$$

故该系统不是时不变系统.

（5）① **线性性判定.**

因为

$$T[ax_1(n)] = ax_1^2(n) , \quad T[bx_2(n)] = bx_2^2(n) ,$$

则

$$T[ax_1(n)] + T[bx_2(n)] = ax_1^2(n) + bx_2^2(n) .$$

又因为

$$T[ax_1(n) + bx_2(n)] = [ax_1(n) + bx_2(n)]^2 = ax_1^2(n) + 2abx_1(n)x_2(n) + bx_2^2(n) ,$$

可见

$$T[ax_1(n) + bx_2(n)] \neq T[ax_1(n)] + T[bx_2(n)] .$$

故该系统不是线性系统.

当然，按照以前已有的经验，如果系统的自变量与因变量之间如果含有非一次幂的话，系统一般都具有非线性，所以本题可直接采用验证比例性或可加性的方法来判定，读者可自行练习.

② **时不变性判定.**

设系统输入 $x(n) = x(n-m)$ ，此时系统输出为

$$y_1(n) = T[x(n-m)] = x^2(n-m).$$

再将 $n = n-m$ 代入题目所给的表达式中得

$$y(n-m) = x^2(n-m).$$

显而易见

$$y(n-m) = y_1(n) = T[x(n-m)].$$

故该系统是时不变系统.

（6）① **线性性判定.**

因为

$$T[ax_1(n)] = ax_1(n^2) , \quad T[bx_2(n)] = bx_2(n^2) ,$$

则

$$T[ax_1(n)] + T[bx_2(n)] = ax_1(n^2) + bx_2(n^2) .$$

又因为

$$T[ax_1(n) + bx_2(n)] = ax_1(n^2) + bx_2(n^2) .$$

可见

$$T[ax_1(n) + bx_2(n)] = T[ax_1(n)] + T[bx_2(n)].$$

故该系统是线性系统.

②**时不变性判定.**

设系统输入 $x(n) = x(n-m)$，此时系统输出为

$$y_1(n) = T[x(n-m)] = x(n^2 - m).$$

再将 $n = n - m$ 代入题目所给的表达式得

$$y(n-m) = x((n-m)^2).$$

显而易见

$$y(n-m) \neq y_1(n), \ \text{即} \ y(n-m) = T[x(n-m)].$$

故该系统不是时不变系统.

（7）①**线性性判定.**

因为

$$T[ax_1(n)] = \sum_{m=0}^{n} ax_1(m), \quad T[bx_2(n)] = \sum_{m=0}^{n} bx_2(m),$$

则

$$T[ax_1(n)] + T[bx_2(n)] = \sum_{m=0}^{n} ax_1(m) + \sum_{m=0}^{n} bx_2(m) = \sum_{m=0}^{n} [ax_1(m) + bx_2(m)].$$

又因为

$$T[ax_1(n) + bx_2(n)] = \sum_{m=0}^{n} [ax_1(m) + bx_2(m)],$$

可见

$$T[ax_1(n) + bx_2(n)] = T[ax_1(n)] + T[bx_2(n)].$$

故该系统是线性系统.

②**时不变性判定.**

设 $x(n) = x(n-m)$ 为系统输入，此时系统输出为

$$y_1(n) = T[x(n-m)] = \sum_{m=0}^{n} x(n-m).$$

再将 $n = n - m$ 代入题目所给的表达式得

$$y(n-m) = \sum_{m=0}^{n-m} x(n-m).$$

显而易见

$$y(n-m) \neq y_1(n), \ \text{即} \ y(n-m) \neq T[x(n-m)].$$

故该系统不是时不变系统，而是时变系统.

（8）①**线性性判定.**

因为

$$T[ax_1(n)] = ax_1(n)\sin(\omega n),$$

$$T[bx_2(n)] = bx_2(n)\sin(\omega n),$$

则
$$T[ax_1(n)] + T[bx_2(n)] = ax_1(n)\sin(\omega n) + bx_2(n)\sin(\omega n)$$
$$= [ax_1(n) + bx_2(n)]\sin(\omega n).$$

又因为
$$T[ax_1(n) + bx_2(n)] = [ax_1(n) + bx_2(n)]\sin(\omega n),$$

可见
$$T[ax_1(n) + bx_2(n)] = T[ax_1(n)] + T[bx_2(n)].$$

故该系统是线性系统.

② **时不变性判定.**

设 $x(n) = x(n-m)$ 为系统输入，此时系统输出为
$$y_1(n) = T[x(n-m)] = x(n-m)\sin(\omega n).$$

再将 $n = n - m$ 代入所给表达式得
$$y(n-m) = x(n-m)\sin[\omega(n-m)].$$

显而易见
$$y(n-m) \neq y_1(n)，\quad 即\ y(n-m) \neq T[x(n-m)].$$

故该系统不是时不变系统，而是时变系统.

7. 给定由下述差分方程描述的系统，试判断系统是否是因果稳定的系统，并说明理由.

（1）$y(n) = \dfrac{1}{N}\sum_{k=0}^{N-1} x(n-k)$ ； （2）$y(n) = x(n) + x(n+1)$ ；

（3）$y(n) = \sum_{k=n-n_0}^{n+n_0} x(k)$ ； （4）$y(n) = x(n-n_0)$ ；

（5）$y(n) = e^{x(n)}$.

解：（1）由于题目给出的是系统差分方程，因此可根据系统因果稳定的定义来判定系统的因果稳定性.

由题意知：
$$y(n) = \frac{1}{N}\sum_{k=0}^{N-1} x(n-k) = \frac{1}{N}[x(n) + x(n-1) + x(n-2) + \cdots + x(n-N+1)].$$

只要 $N \geqslant 1$，就有 $n-k < n$，那么 $x(n-k),(1 \leqslant k \leqslant N-1)$ 相当于 $x(n)$ 是早前输入，上式便说明系统的当前输出仅仅与当前输入 $x(n)$ 和以前各输入 $x(n-k)$ 有关，而与未来输入无关. 所以，系统是因果的，系统是因果系统.

假设系统输入是有界的，即 $|x(n)| \leqslant B_x$，必有 $|x(n-k)| \leqslant B_x$，则不难得出

$$|y(n)| = \left|\frac{1}{N}\sum_{k=0}^{N-1} x(n-k)\right|$$

$$= \frac{1}{N}[|x(n)| + |x(n-1)| + |x(n-2)| + \cdots + |x(n-N+1)|] \leqslant B_x,$$

其中 B_x 是任意正的实数. 因此，系统是稳定的，系统是稳定系统.

（2）由于 $n < n+1$，那么 $x(n+1)$ 相当于 $x(n)$ 是以后输入，那么题目所给系统表明系统的当前输出不仅与当前输入 $x(n)$ 有关，还与未来输入 $x(n+1)$ 有关. 因而系统不是因果的，系统是非因果系统.

假设系统输入是有界的，即 $|x(n)| \leq B_x$，必有 $|x(n+1)| \leq B_x$，则不难得出

$$|y(n)| = |x(n) + x(n+1)| \leq |x(n)| + |x(n+1)| \leq 2B_x.$$

上式说明有界输入产生有界输出，因此，系统是稳定的，系统是稳定系统.

（3）由求和上下限可知，n_0 是正整数，故

$$y(n) = \sum_{k=n-n_0}^{n+n_0} x(k)$$
$$= [x(n-n_0) + x(n-n_0+1) + x(n-n_0+2) + \cdots + x(n+1) + \cdots x(n+n_0)].$$

因为 $n-n_0 < n$，$n+n_0 > n$，那么 $x(n-n_0)$ 和 $x(n+n_0)$ 分别相当于 $x(n)$ 是早前输入和以后输入，上式便说明系统的当前输出既与当前输入有关，也与以前各输入有关，还与以后各输入有关. 所以，系统是非因果的，系统是非因果系统.

假设系统输入是有界的，即 $|x(n)| \leq B_x$，必有 $|x(k)| \leq B_x$，则不难得出

$$|y(n)| = \left| \sum_{k=n-n_0}^{n+n_0} x(k) \right|$$
$$= |x(n-n_0)| + |x(n-n_0+1)| + |x(n-n_0+2)| + \cdots + |x(n+1)| + \cdots + |x(n+n_0)|$$
$$\leq (2n_0+1)B_x.$$

上式说明系统有界输入产生有界输出，因此，系统是稳定的，系统是稳定系统.

（4）**分析**：本题应分 n_0 是正整数还是负整数两种情况加以讨论.

当 n_0 是正整数时：

因为 $n-n_0 < n$，那么 $x(n-n_0)$ 相当于 $x(n)$ 是早前输入，说明本系统的当前输出只与以前输入有关. 所以系统是因果的，系统是因果系统.

设系统输入是有界的，即 $|x(n-n_0)| \leq B_x$，必有

$$|y(n)| = |x(n-n_0)| \leq B_x.$$

上式说明系统输出是有界的,则系统满足稳定性的定义,即有界输入产生的输出也有界. 因此，系统是稳定的，系统是稳定系统.

当 n_0 是负整数时：

因为 $n-n_0 > n$，那么 $x(n-n_0)$ 相当于 $x(n)$ 是未来的输入，说明本系统的当前输出与未来输入有关. 所以，系统不是因果的，系统不是因果系统.

系统的稳定性分析与 n_0 是正整数时相同，即系统是稳定的，系统是稳定系统.

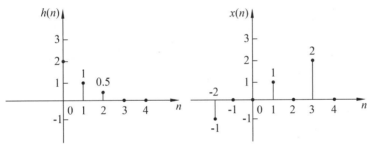

★ 说明：

本小题系统（n_0 是正整数情况）是数字信号处理中最著名的延时器，延时器是一个因果稳定系统.

（5）观察所给系统可知，系统的当前输出只取决于当前输入，与过去和未来输入皆无关. 所以，系统是因果的，系统是因果系统.

设系统输入是有界的，即 $|x(n)| \leqslant B_x$，则

$$|y(n)| = \left|e^{x(n)}\right| \leqslant e^{|x(n)|} \leqslant e^{B_x} \leqslant B_y,$$

其中 B_y 是任意正的实数. 上式说明系统输出是有界的，因此，系统是稳定的，系统是稳定系统.

8. 设线性时不变系统的单位脉冲响应 $h(n)$ 和输入序列 $x(n)$ 如图 1.7 所示，给出输出 $x(n)$ 的波形.

图 1.7

分析：对线性时不变系统（LTI），系统的输出为系统输入和系统单位冲激响应的卷积，即 $y(n) = x(n) * h(n)$，这个卷积又称为线性卷积或卷积和. 求解线性卷积的解法一般有解析法（又称公式法，用定义式计算）、图解法、列表法和应用两个重要等式求解等方法.

解：由题意知，$h(n)$ 的长度是 $N = 3$，$x(n)$ 的长度是 $M = 6$，且易得

$$h(n) = \{2, 1, 0.5\} \text{ 或 } h(n) = 2\delta(n) + \delta(n-1) + 0.5\delta(n-2);$$

$$x(n) = \{-1, 0, \underline{0}, 1, 0, 2\} \text{ 或 } x(n) = -\delta(n+2) + \delta(n-1) + 2\delta(n-3).$$

方法 1：图解法.

卷积的长度为：$L = N + M - 1 = 3 + 6 - 1 = 8$；

定义式为：$y(n) = x(n) * h(n) = \sum_{m=-\infty}^{\infty} x(m) h(n-m)$.

其波形如图 1.8 所示.

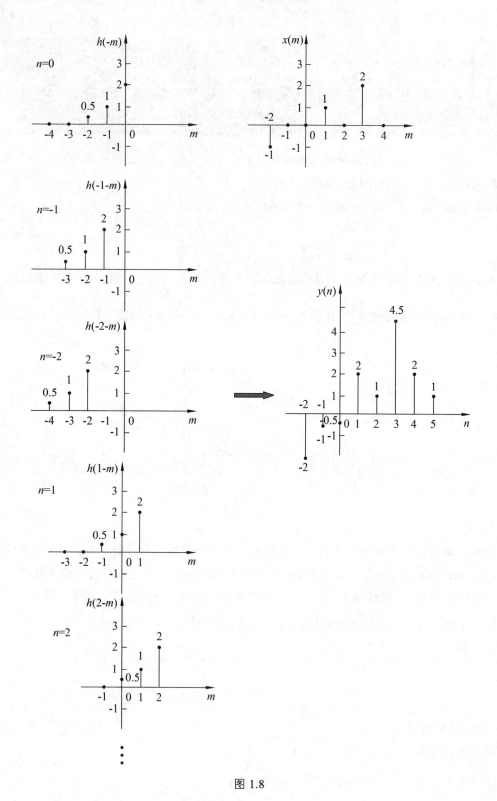

图 1.8

故由图 1.8 可写出 $y(n) = \{-2, -1, \underline{-0.5}, 2, 1, 4.5, 2, 1\}$.

方法 2：列表法.

列表 1.2 如下.

表 1.2　计算 $x(n) * h(n)$ 的表

n/m	−4	−3	−2	−1	0	1	2	3	4	5	y(n)
x(m)			−1	0	0	1	0	2			
h(m)						2	1	0.5	0	0	
h(−m)	0	0	0.5	1	2						$y(0) = -0.5$
h(−2−m)	0.5	1	2								$y(-2) = -2$
h(−1−m)		0.5	1	2							$y(-1) = -1$
h(1−m)				0.5	1	2					$y(1) = 2$
h(2−m)					0.5	1	2				$y(2) = 1$
h(3−m)						0.5	1	2			$y(3) = 4.5$
h(4−m)							0.5	1	2		$y(4) = 2$
h(5−m)								0.5	1	2	$y(5) = 1$

注：表 1.2 中空白项（未写数字）为零.

表 1.2 中，因为

$$y(0) = \sum_{m=-\infty}^{\infty} x(m)h(-m);\quad y(-2) = \sum_{m=-\infty}^{\infty} x(m)h(-2-m);\quad y(-1) = \sum_{m=-\infty}^{\infty} x(m)h(-1-m);$$

$$y(1) = \sum_{m=-\infty}^{\infty} x(m)h(1-m);\quad y(2) = \sum_{m=-\infty}^{\infty} x(m)h(2-m);$$

$$y(3) = \sum_{m=-\infty}^{\infty} x(m)h(3-m);\quad y(4) = \sum_{m=-\infty}^{\infty} x(m)h(4-m),$$

所以，采用列表法求卷积时，只需将表中对应行的相同序号项相乘再相加即可. 所以

$$y(0) = -1 \times 0.5 + 0 \times 1 + 0 \times 2 + 1 \times 0 + 0 \times 0 + 2 \times 0 = -0.5;$$

$$y(-2) = 0 \times 0.5 + 0 \times 1 + (-1) \times 2 = -2;$$

$$y(-1) = 0 \times 0.5 + (-1) \times 1 + 0 \times 2 + 0 \times 0 + 2 \times 0 + 2 \times 0 = -1;$$

$$y(1) = -1 \times 0 + 0 \times 0.5 + 0 \times 1 + 1 \times 2 + 0 \times 0 + 2 \times 0 = 2;$$

$$y(2) = -1 \times 0 + 0 \times 0 + 0 \times 0.5 + 1 \times 1 + 0 \times 2 + 2 \times 0 = 1;$$

$$y(3) = 1 \times 0.5 + 2 \times 2 = 4.5;$$

$$y(4) = 2 \times 1 = 2;$$

$$y(5) = 2 \times 0.5 = 1.$$

所以，　$y(n) = \{-2, -1, \underline{-0.5}, 2, 1, 4.5, 2, 1\}$.

方法 3：应用两个重要等式求解.

由 $h(n) = 2\delta(n) + \delta(n-1) + 0.5\delta(n-2)$ ，则

$$y(n) = x(n) * h(n) = x(n) * [2\delta(n) + \delta(n-1) + 0.5\delta(n-2)]$$
$$= 2x(n) * \delta(n) + x(n) * \delta(n-1) + 0.5x(n) * \delta(n-2)$$
$$= 2x(n) + x(n-1) + 0.5x(n-2).$$

再将 $x(n) = -\delta(n+2) + \delta(n-1) + 2\delta(n-3)$ 代入上式得

$$y(n) = 2\left[-\delta(n+2) + \delta(n-1) + 2\delta(n-3)\right] + \left[-\delta(n+1) + \delta(n-2) + 2\delta(n-4)\right]$$
$$+ 0.5\left[-\delta(n) + \delta(n-3) + 2\delta(n-5)\right]$$
$$= -2\delta(n+2) - \delta(n+1) - 0.5\delta(n) - 2\delta(n-1) + \delta(n-2) + 4.5\delta(n-3)$$
$$+ 2\delta(n-4) + \delta(n-5)$$
$$= \{-2, -1, \underline{-0.5}, -2, 1, 4.5, 2, 1\}.$$

 注释：

两个重要等式： $x(n) * \delta(n) = x(n)$ ； $x(n) * \delta(n-k) = x(n-k)$.

图解法和列表法一般适用有限长序列的卷积.

9. 设线性时不变系统的单位采样响应 $h(n)$ 和输入 $x(n)$ 分别有以下三种情况，求出每种情况所对应的系统输出 $y(n)$.

（1） $h(n) = R_4(n)$ ， $x(n) = R_5(n)$ ；

（2） $h(n) = 2R_4(n)$ ， $x(n) = \delta(n) - \delta(n-2)$ ；

（3） $h(n) = 0.5^n u(n)$ ， $x(n) = R_5(n)$.

　解： LTI 系统的输出等于系统输入和系统单位采样响应的卷积，即 $y(n) = x(n) * h(n)$.

（1）**方法 1：解析法.**

$$y(n) = x(n) * h(n) = \sum_{m=-\infty}^{\infty} x(m)h(n-m)$$
$$= \sum_{m=-\infty}^{\infty} R_4(m)R_5(n-m),$$

式中 $R_4(m)$ 的非零区间为 $0 \leqslant m \leqslant 3$ ， $R_5(n-m)$ 的非零区间为 $n-4 \leqslant m \leqslant n$（ $0 \leqslant n-m \leqslant 4$ ），$y(n)$ 的长度为 $4+5-1=8$ ，所以 n 的取值范围为 $0 \leqslant n \leqslant 7$.

　根据非零区间，将 n 分成以下几种情况：

　当 $n < 0$ 和 $n > 7$ 时， $y(n) = 0$ ；

当 $0 \le n \le 3$ 时，$y(n) = \sum_{m=-\infty}^{\infty} R_4(m) R_5(n-m) = \sum_{m=0}^{n} 1 = n+1$；

当 $4 \le n \le 7$ 时，$y(n) = \sum_{m=-\infty}^{\infty} R_4(m) R_5(n-m) = \sum_{m=n-4}^{3} 1 = 8-n$，

故 $y(n) = \begin{cases} 0, & n<0, n>7, \\ n+1, & 0 \le n \le 3, \\ 8-n, & 4 \le n \le 7. \end{cases}$

方法 2：利用重要等式求解.

$$y(n) = x(n) * h(n) = R_4(n) * [\delta(n) + \delta(n-1) + \delta(n-2) + \delta(n-3) + \delta(n-4)]$$
$$= R_4(n) + R_4(n-1) + R_4(n-2) + R_4(n-3) + R_4(n-4).$$

方法 3：列表法.

$y(n)$ 的长度为 $L = N + M - 1 = 4 + 5 - 1 = 8$ ，列表 1.3 所示.

表 1.3　计算 $x(n)$ 与 $h(n)$ 的卷积

n/m	-3	-2	-1	0	1	2	3	4	5	6	7	$y(n)$
$x(m)$				1	1	1	1	1				
$h(m)$				1	1	1	1					
$h(-m)$	1	1	1	1								$y(0)=1$
$h(1-m)$		1	1	1	1							$y(1)=2$
$h(2-m)$			1	1	1	1						$y(2)=3$
$h(3-m)$				1	1	1	1					$y(3)=4$
$h(4-m)$					1	1	1	1				$y(4)=4$
$h(5-m)$						1	1	1	1			$y(5)=3$
$h(6-m)$							1	1	1	1		$y(6)=2$
$h(7-m)$								1	1	1	1	$y(7)=1$

注：表 1.3 中空白项（未写数字）为零.

其中：

$$y(0) = y(7) = 1 \times 1 = 1；$$

$$y(1) = y(6) = 1 \times 1 + 1 \times 1 = 2；$$

$$y(2) = y(5) = 1 \times 1 + 1 \times 1 + 1 \times 1 = 3；$$

$$y(3) = y(4) = 1 \times 1 + 1 \times 1 + 1 \times 1 + 1 \times 1 = 4.$$

所以，$y(n) = \{1, 2, 3, 4, 4, 2, 3, 1\}$.

(2) 方法 1：利用重要等式求解.

$$y(n) = x(n) * h(n) = 2R_4(n) * [\delta(n) - \delta(n-2)] = 2R_4(n) - 2R_4(n-2).$$

方法 2：列表法求解.

$y(n)$ 的长度为 $L = N + M - 1 = 4 + 3 - 1 = 6$，列表 1.4 所示.

表 1.4　计算 $x(n)$ 与 $h(n)$ 的卷积

n/m	-3	-2	-1	0	1	2	3	4	5	$y(n)$
$x(m)$				1	0	-1				
$h(m)$				2	2	2	2			
$h(-m)$	2	2	2	2						$y(0) = 2$
$h(1-m)$		2	2	2	2					$y(1) = 2$
$h(2-m)$			2	2	2	2				$y(2) = 0$
$h(3-m)$				2	2	2	2			$y(3) = 0$
$h(4-m)$					2	2	2	2		$y(4) = -2$
$h(5-m)$						2	2	2	2	$y(5) = -2$

注：表 1.4 中空白项（未写数字）为零.

所以，$y(n) = \{2, 2, 0, 0, -2, -2\}$.

（3）方法 1：解析法.

$$y(n) = x(n) * h(n) = \sum_{m=-\infty}^{\infty} x(m)h(n-m) = \sum_{m=-\infty}^{\infty} R_5(m)0.5^{n-m}u(n-m)$$

$$= 0.5^n \sum_{m=-\infty}^{\infty} 0.5^{-m} R_5(m)u(n-m) = 0.5^n \sum_{m=-\infty}^{\infty} 2^m R_5(m)u(n-m).$$

$R_5(m)$ 的非零区间为 $0 \leqslant m \leqslant 4$. 所以：

当 $n < 0$ 时，$y(n) = 0$；

当 $0 \leqslant n \leqslant 4$ 时，$y(n) = 0.5^n \sum_{m=0}^{n} 2^m = 0.5^n \times \dfrac{1 - 2^{n+1}}{1 - 2} = 2 - 0.5^n$；

当 $n \geqslant 5$ 时，$y(n) = 0.5^n \sum_{m=0}^{4} 2^m = 0.5^n \times \dfrac{1 - 2^5}{1 - 2} = 31 \times 0.5^n$.

综合以上几种情况，最后写成统一表达式为

$$y(n) = (2 - 0.5^n)R_5(n) + 31 \times 0.5^n u(n-5).$$

方法 2：利用重要等式求解.

$$y(n) = h(n) * x(n)$$

$$= h(n) * [\delta(n) + \delta(n-1) + \delta(n-2) + \delta(n-3) + \delta(n-4)]$$

$$= h(n) + h(n-1) + h(n-2) + h(n-3) + h(n-4)]$$

$$= 0.5^n u(n) + 0.5^{n-1} u(n-1) + 0.5^{n-2} u(n-2) + 0.5^{n-3} u(n-3) + 0.5^{n-4} u(n-4).$$

 提示：

等比数列前 n 项和公式：$S_n = \dfrac{a_1(1-q^n)}{1-q}$，其中 a_1 是首项，q 是公比.

10. 证明线性卷积服从交换律、结合律和分配律，即证明下列等式成立：

（1）$x(n) * h(n) = h(n) * x(n)$.

（2）$x(n) * [h_1(n) * h_2(n)] = [x(n) * h_1(n)] * h_2(n)$.

（3）$x(n) * [h_1(n) + h_2(n)] = x(n) * h_1(n) + x(n) * h_2(n)$.

解：（1）因为 $x(n) * h(n) = \displaystyle\sum_{m=-\infty}^{\infty} x(m)h(n-m)$，令 $k = n - m$，则

$$x(n) * h(n) = \sum_{k=-\infty}^{\infty} x(n-k)h(k) = h(n) * x(n).$$

（2）由（1）题的结论得

$$x(n) * [h_1(n) * h_2(n)] = x(n) * [h_2(n) * h_1(n)] = \sum_{m=-\infty}^{\infty} x(m)[h_2(n-m) * h_1(n-m)]$$

$$= \sum_{m=-\infty}^{\infty} x(m) \sum_{k=-\infty}^{\infty} [h_2(k)h_1(n-m-k)] = \sum_{k=-\infty}^{\infty} h_2(k) \sum_{m=-\infty}^{\infty} [x(m)h_1(n-m-k)]$$

$$= \sum_{k=-\infty}^{\infty} h_2(k)[x(n-k) * h_1(n-k)] = h_2(n) * [x(n) * h_1(n)]$$

$$= [x(n) * h_1(n)] * h_2(n).$$

（3）$x(n) * [h_1(n) + h_2(n)] = \displaystyle\sum_{m=-\infty}^{\infty} x(m)[h_1(n-m) + h_2(n-m)]$

$$= \sum_{m=-\infty}^{\infty} x(m)h_1(n-m) + \sum_{m=-\infty}^{\infty} x(m)h_2(n-m)$$

$$= x(n) * h_1(n) + x(n) * h_2(n).$$

11. 下列序列是系统的单位采样响应 $h(n)$，试说明系统的因果稳定性.

（1）$\dfrac{1}{n^2}u(n-1)$；　　　　（2）$\dfrac{1}{n!}u(n)$；　　　　（3）$3^n u(n)$；

（4）$3^n u(-n)$；　　　　（5）$0.3^n u(n)$；　　　　（6）$0.3^n u(-n-1)$.

分析：由于题目给出的是系统的单位采样响应 $h(n)$，因此可采用 LTI 系统的因果稳定的充分必要条件来判定系统是否是因果的和稳定的.

解：（1）由题意知，当 $n \geq 0$ 时，$h(n)$ 有值，也就是说，当 $n < 0$ 时，$h(n) = 0$. 所以系统是因果的，系统是因果系统.

因为

$$\sum_{n=-\infty}^{\infty} |h(n)| = \sum_{n=-\infty}^{\infty} \frac{1}{n^2}u(n) = \sum_{n=1}^{\infty} \frac{1}{n^2} < \infty,$$

所以，该系统满足稳定的充分必要条件，故系统是稳定的，即系统是稳定系统.

> ★ 注释：
>
> 设 p 级数 $\displaystyle\sum_{n=1}^{\infty} \frac{1}{n^p}$，则有：
>
> （1）当 $0 < p \leq 1$ 时，级数 $\displaystyle\sum_{n=1}^{\infty} \frac{1}{n^p}$ 发散，前 n 项和无界；
>
> （2）当 $p > 1$ 时，级数 $\displaystyle\sum_{n=1}^{\infty} \frac{1}{n^p}$ 收敛，前 n 项和有界.

（2）由题意知，当 $n \geq 0$ 时，$h(n)$ 有值，也就是说，当 $n < 0$ 时，$h(n) = 0$. 所以系统是因果的，系统是因果系统.

因为

$$\sum_{n=-\infty}^{\infty} |h(n)| = \sum_{n=-\infty}^{\infty} \frac{1}{n!}u(n) = \sum_{n=0}^{\infty} \frac{1}{n!}$$

$$= \lim_{n \to \infty}\left(\frac{1}{0!} + \frac{1}{1!} + \frac{1}{2!} + \frac{1}{3!} + \cdots + \frac{1}{n!}\right)$$

$$= \lim_{n \to \infty}\left(1 + 1 + \frac{1}{2} + \frac{1}{3 \cdot 2 \cdot 1} + \cdots + \frac{1}{n \cdot (n-1) \cdot (n-2) \cdots 3 \cdot 2 \cdot 1}\right)$$

$$< \lim_{n \to \infty}\left(1 + 1 + \frac{1}{2} + \frac{1}{4} + \frac{1}{8} + \cdots + \frac{1}{2^{(n-1)}}\right)$$

$$= 1 + \lim_{n \to \infty}\frac{1 - 2^{-n}}{1 - 2^{-1}} = 3 < \infty,$$

所以，该系统是稳定的，系统是稳定系统.

（3）由题意知，当 $n \geqslant 0$ 时，$h(n)$ 有值，也就是说，当 $n < 0$ 时，$h(n) = 0$. 所以系统是因果的，系统是因果系统.

因为

$$\sum_{n=-\infty}^{\infty} |h(n)| = \sum_{n=-\infty}^{\infty} 3^n u(n) = \sum_{n=0}^{\infty} 3^n$$

$$= \lim_{n \to \infty} (3^0 + 3^1 + 3^2 + 3^3 + \cdots + 3^n)$$

$$= \lim_{n \to \infty} \frac{1 - 3^{n+1}}{1 - 3} \to \infty,$$

所以，该系统是不稳定的，系统是不稳定系统.

（4）由题意知，当 $n \leqslant 0$ 时，$h(n)$ 有值，也就是说，当 $n < 0$ 时，$h(n) \neq 0$. 所以系统是非因果的，系统是非因果系统.

因为

$$\sum_{n=-\infty}^{\infty} |h(n)| = \sum_{n=-\infty}^{\infty} 3^n u(-n) = \sum_{n=-\infty}^{0} 3^n$$

$$= \lim_{n \to \infty} (3^0 + 3^{-1} + 3^{-2} + 3^{-3} + \cdots + 3^{-n})$$

$$= \frac{1}{1 - 3^{-1}} = \frac{3}{2} < \infty,$$

所以，该系统是稳定的，系统是稳定系统.

（5）由题意知，当 $n \geqslant 0$ 时，$h(n)$ 有值，也就是说，当 $n < 0$ 时，$h(n) = 0$. 所以系统是因果的，系统是因果系统.

因为

$$\sum_{n=-\infty}^{\infty} |h(n)| = \sum_{n=-\infty}^{\infty} 0.3^n u(n) = \sum_{n=0}^{\infty} 0.3^n$$

$$= \lim_{n \to \infty} (0.3^0 + 0.3^1 + 0.3^2 + 0.3^3 + \cdots + 0.3^n)$$

$$= \frac{1}{1 - 0.3} = \frac{10}{7} < \infty,$$

所以，该系统是稳定的，系统是稳定系统.

（6）由题意知，当 $n \leqslant -1$ 时，$h(n)$ 有值，也就是说，当 $n < 0$ 时，$h(n) \neq 0$. 所以系统是非因果的，系统是非因果系统.

因为

$$\sum_{n=-\infty}^{\infty} |h(n)| = \sum_{n=-\infty}^{\infty} 0.3^n u(-n-1) = \sum_{n=-\infty}^{-1} 0.3^n = \sum_{n=1}^{\infty} 0.3^{-n}$$

$$= \lim_{n \to \infty} \frac{0.3^{-1}(1-0.3^{-n})}{1-0.3^{-1}} = \lim_{n \to \infty} \frac{10}{7}\left[\left(\frac{10}{3}\right)^n - 1\right] \to \infty,$$

所以，该系统是不稳定的，系统是不稳定系统.

提示：

阶乘运算：

$0! = 1.$

$n! = n \cdot (n-1) \cdot (n-2) \cdot \cdots \cdot 3 \cdot 2 \cdot 1.$

因果性：在教课书的第 2 章将会看到，如果 $h(n)$ 是因果序列，则所代表的系统就是因果系统.

12. 设系统的单位脉冲响应 $h(n) = \frac{3}{8}0.5^n u(n)$，系统的输入 $x(n)$ 是一些观测数据，设 $x(n) = \{x_0, x_1, x_2, \cdots, x_k, \cdots\}$，试利用递推法求系统的输出 $y(n)$. 递推时设系统的初始状态为零状态.

解： $y(n) = x(n) * h(n) = \sum_{m=-\infty}^{\infty} x(m)h(n-m)$

$$= \frac{3}{8}\sum_{m=-\infty}^{\infty} x(m)0.5^{n-m}u(n-m) = \frac{3}{8}\sum_{m=0}^{n} 0.5^{n-m}x_m, \quad n \geq 0.$$

当 $n = 0$ 时，$y(0) = \frac{3}{8}x_0$；

当 $n = 1$ 时，$y(1) = \frac{3}{8}\sum_{m=0}^{1} 0.5^{1-m}x_m = \frac{3}{8}(0.5x_0 + x_1)$；

当 $n = 2$ 时，$y(2) = \frac{3}{8}\sum_{m=0}^{2} 0.5^{2-m}x_m = \frac{3}{8}(0.5^2 x_0 + 0.5x_1 + x_2)$；

……

归纳得：$y(n) = \frac{3}{8}\sum_{m=0}^{n} 0.5^m x_m$.

13. 设某一因果系统由下面的差分方程描述：

$$y(n) = \frac{1}{2}y(n-1) + x(n) + \frac{1}{2}x(n-1),$$

利用递推法求系统的单位采样响应.

解： 单位采样响应是指系统输入为单位采样序列时的系统输出，也就是说，当 $x(n) = \delta(n)$ 时，$y(n) = h(n) = T[\delta(n)]$. 故由所给的系统差分方程得

$$h(n) = \frac{1}{2}h(n-1) + \delta(n) + \frac{1}{2}\delta(n-1).$$

又因为所给出的系统是因果的，所以当 $n < 0$ 时，$h(n) = 0$. 因此用递推法向 $n \geq 0$ 方向递推.

当 $n = 0$ 时，$h(0) = \frac{1}{2}h(-1) + \delta(0) + \frac{1}{2}\delta(-1) = 0 + 1 + 0 = 1$；

当 $n = 1$ 时，$h(1) = \frac{1}{2}h(0) + \delta(1) + \frac{1}{2}\delta(0) = \frac{1}{2} \times 1 + 0 + \frac{1}{2} \times 1 = 1$；

当 $n = 2$ 时，$h(2) = \frac{1}{2}h(1) + \delta(2) + \frac{1}{2}\delta(1) = \frac{1}{2} \times 1 + 0 + 0 = \frac{1}{2}$；

当 $n = 3$ 时，$h(3) = \frac{1}{2}h(2) + \delta(3) + \frac{1}{2}\delta(2) = \frac{1}{2} \times \frac{1}{2} + 0 + 0 = \left(\frac{1}{2}\right)^2$；

……

归纳得出系统的单位采样响应为

$$h(n) = \left(\frac{1}{2}\right)^{n-1} u(n-1) + \delta(n).$$

14. 设系统用一阶差分方程 $y(n) = ay(n-1) + x(n)$ 描述，初始条件 $y(-1) = 1$，试分析该系统是否是线性非时变系统.

解：系统的线性性判断分析：

预分析该系统的线性性：当 $x(n) = 0$ 时，显然 $y(-1) = 1$，$y(0) = a$，也就是说，零输入时系统有非零输出，所以系统是非线性系统. 因此，可以只验证可加性，分别令系统输入是 $\delta(n)$、$\delta(n-1)$ 和 $\delta(n) + \delta(n-1)$ 来考察. 因此，首先求解差分方程，求出 $\delta(n)$、$\delta(n-1)$ 和 $\delta(n) + \delta(n-1)$ 对应的输出. 其次，在求解差分方程时，给出了初始条件，但没有限定序列类型，所以向两个方向的递推都需计算.

（1）令输入为 $x_1(n) = \delta(n)$ 时，系统输出为 $y_1(n)$.

先向 $n \geq 0$ 方向递推. 由所给方程得

$$y_1(n) = ay_1(n-1) + \delta(n).$$

因此，当 $n = 0$ 时，$y_1(0) = ay_1(-1) + \delta(0) = a + 1$；

当 $n = 1$ 时，$y_1(1) = ay_1(0) + \delta(1) = a(a+1)$；

当 $n = 2$ 时，$y_1(2) = ay_1(1) + \delta(2) = a^2(a+1)$；

当 $n = 3$ 时，$y_1(3) = ay_1(2) + \delta(3) = a^3(a+1)$；

……

归纳得

$$y_1(n) = a^n(a+1)u(n).$$

再向 $n < 0$ 方向递推. 由所给方程得

$$y_1(n-1) = a^{-1}y_1(n) - a^{-1}\delta(n).$$

因此，当 $n = -1$ 时，$y_1(-2) = a^{-1}y_1(-1) + a^{-1}\delta(-1) = a^{-1}$；

当 $n = -2$ 时，$y_1(-3) = a^{-1}y_1(-2) + a^{-1}\delta(-2) = a^{-2}$；

……

归纳得

$$y_1(-n) = a^{-n+1}u(-n-1).$$

考虑上述两种情况，最后得

$$y_1(n) = a^n(a+1)u(n) + a^{-n+1}u(-n-1).$$

（2）令输入为 $x_2(n) = \delta(n-1)$ 时，系统输出为 $y_2(n)$ 且 $y_2(-1) = 1$.

先向 $n \geqslant 0$ 方向递推. 由所给方程得

$$y_2(n) = ay_2(n-1) + \delta(n-1).$$

因此，当 $n = 0$ 时，$y_2(0) = ay_2(-1) + \delta(-1) = a$；

当 $n = 1$ 时，$y_2(1) = ay_2(0) + \delta(0) = a^2 + 1$；

当 $n = 2$ 时，$y_2(2) = ay_2(1) + \delta(1) = a(a^2 + 1)$；

当 $n = 3$ 时，$y_2(3) = ay_2(2) + \delta(2) = a^2(a^2 + 1)$；

……

归纳得

$$y_2(n) = a\delta(n) + a^{n-1}(a^2 + 1)u(n-1).$$

再向 $n < 0$ 方向递推. 由所给方程得

$$y_2(n-1) = a^{-1}y_2(n) - a^{-1}\delta(n-1).$$

因此，当 $n = -1$ 时，$y_2(-2) = a^{-1}y_2(-1) + a^{-1}\delta(-2) = a^{-1}$；

当 $n = -2$ 时，$y_2(-3) = a^{-1}y_2(-2) + a^{-1}\delta(-3) = a^{-2}$；

……

归纳得

$$y_2(-n) = a^{-n+1}u(-n-1).$$

考虑上述两种情况，最后得

$$y_2(n) = a\delta(n) + a^{n-1}(a^2+1)u(n-1) + a^{-n+1}u(-n-1).$$

因为 $x_1(n)$ 与 $x_2(n)$ 是移位关系，而对应的输出 $y_1(n)$ 与 $y_2(n)$ 不是移位关系，所以系统是非时不变系统.

（3）令输入为 $x_3(n) = \delta(n) + \delta(n-1)$ 时，系统输出为 $y_3(n)$ 且 $y_3(-1) = 1$.

先向 $n \geqslant 0$ 方向递推. 由所给方程得

$$y_3(n) = ay_3(n-1) + \delta(n) + \delta(n-1).$$

因此，当 $n = 0$ 时，$y_3(0) = ay_3(-1) + \delta(0) + \delta(-1) = a+1$；

当 $n = 1$ 时，$y_3(1) = ay_3(0) + \delta(1) + \delta(0) = a(a+1)+1$；

当 $n = 2$ 时，$y_3(2) = ay_3(1) + \delta(2) + \delta(1) = a[a(a+1)+1]$；

当 $n = 3$ 时，$y_3(3) = ay_3(2) + \delta(3) + \delta(2) = a^2[a(a+1)+1]$；

……

归纳得

$$y_3(n) = (a+1)\delta(n) + a^{n-1}[a(a+1)+1]u(n-1).$$

再向 $n < 0$ 方向递推. 由所给方程得

$$y_3(n-1) = a^{-1}y_3(n) - a^{-1}\delta(n) - a^{-1}\delta(n-1).$$

因此，当 $n = -1$ 时，$y_3(-2) = a^{-1}y_3(-1) + a^{-1}\delta(-1) + a^{-1}\delta(-2) = a^{-1}$；

当 $n = -2$ 时，$y_3(-3) = a^{-1}y_3(-2) + a^{-1}\delta(-2) + a^{-1}\delta(-3) = a^{-2}$；

……

归纳得

$$y_3(-n) = a^{-n+1}u(-n-1).$$

考虑上述两种情况，最后得

$$y_3(n) = (a+1)\delta(n) + a^{n-1}[a(a+1)+1]u(n-1) + a^{-n+1}u(-n-1).$$

现将 $y_1(n)$ 与 $y_2(n)$ 相加后与 $y_3(n)$ 比较得

$$y_1(n) + y_2(n)$$
$$= a^n(a+1)u(n) + a^{-n+1}u(-n-1) + a\delta(n) + a^{n-1}(a^2+1)u(n-1) + a^{-n+1}u(-n-1)$$
$$\neq y_3(n).$$

所以，系统不满足可加性，该系统不是线性系统，而是非线性系统.

练习:

将初始条件改为 $y(-1)=0$，重做本题.

答案：此时，系统是线性时不变系统.

15. 有一连续信号 $x_a(t) = \cos(2\pi ft + \varphi)$，式中 $f = 20\,\text{Hz}$，$\varphi = \dfrac{\pi}{2}$.

（1）求 $x_a(t)$ 的周期.

（2）用采样间隔 $T = 0.02\,\text{s}$ 对 $x_a(t)$ 进行采样，试写出采样信号 $\hat{x}_a(t)$ 的表达式.

（3）画出对应于 $\hat{x}_a(t)$ 的时域离散信号（序列）$x(n)$ 的波形，并求出 $x(n)$ 的周期.

解：（1）连续信号 $x_a(t)$ 的周期为

$$T = \frac{2\pi}{\Omega} = \frac{1}{f} = 0.05\,\text{s}.$$

（2）$\hat{x}_a(t) = \sum_{n=-\infty}^{\infty} \cos(2\pi f nT + \phi)\delta(t - nT) = \sum_{n=-\infty}^{\infty} \cos\left(0.8\pi n + \frac{\pi}{2}\right)\delta(t - nT).$

（3）$x(n) = \cos\left(0.8\pi n + \dfrac{\pi}{2}\right)$.

因为 $\omega = 0.8\pi$，且 $\dfrac{2\pi}{\omega} = \dfrac{2\pi}{0.8\pi} = \dfrac{5}{2}$，所以周期 $N = 5$.

下面是用所编写的 MATLAB 程序画出的 0 到 10 两个周期波形（见图 1.9）.

n =

    0   1   2   3   4   5   6   7   8   9   10

xn =

    Columns 1 through 9

    0.0000   −0.5878   0.9511   −0.9511   0.5878   0.0000   −0.5878

0.9511   −0.9511

    Columns 10 through 11

    0.5878   −0.0000

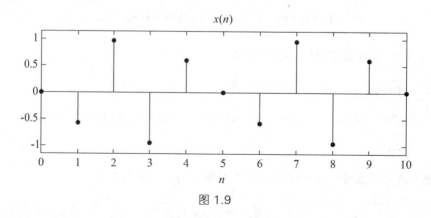

图 1.9

画图程序

```
%  画余弦序列 cos(0.8πn+π/2)
n0=0;n1=10;
n=n0:n1
xn=cos(0.8*pi*n+pi./2)
max_xn=max(xn);
min_xn=min(xn);
subplot(2,1,1)
xn=stem(n,xn,'filled','k');xlabel('n');title('x(n)');
set(xn,'linewidth',2) ;
axis([n0,n1,min_xn-0.2,max_xn+0.2])
```

第 2 章　离散时间信号与系统的频域分析

2.1　学习指导

本章知识点与知识结构：

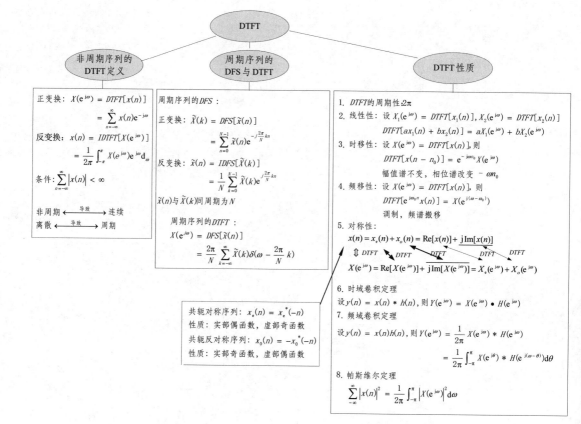

Z域（复数域）分析

Z变换定义

$$X(z) = ZT[x(n)] = \sum_{n=-\infty}^{\infty} x(n)z^{-n}$$

Z是一个复变量，它所在的平面称为Z平面。

Z变换存在的条件：

$$\sum_{n=-\infty}^{\infty} |x(n)z^{-n}| < \infty$$

1. $x(n)$特性与ROC：

$$x(n) \begin{cases} 1.无限长序列边 \begin{cases} 左边序列 & \text{圆内} \\ 右边序列 & \text{圆外} \end{cases} & ROC \\ 2.无限长序列边 & Z平面 \\ 3.双边序列 & \text{环域} \end{cases}$$

2. Z平面、零点、极点

3. ZT与DTFT关系：

$$X(e^{j\omega}) = X(z)|_{z=e^{j\omega}}$$

4. 单边Z变换

$$X(z) = \sum_{n=0}^{\infty} x(n)z^{-n}$$

Z变换性质

1. 线性性
2. 序列的移位 $\quad x(n-n_0) \Leftrightarrow z^{-n_0}X(z)$
   $$e^{j\omega_0 n}x(n) \Leftrightarrow X(z)$$
3. 乘以指数序列 $\quad a^n x(n) \Leftrightarrow X\left(\dfrac{z}{a}\right)$
4. 序列乘以n $\quad nx(n) \Leftrightarrow -z\dfrac{dX(z)}{dz}$
5. 复序列取共轭 $\quad X^*(z^*) \Leftrightarrow ZT[x^*(n)]$
6. 初值定理 $\quad x(n)$是因果序列，$x(0) = \lim\limits_{z \to \infty} X(z)$
7. 终值定理 $\quad$ 若$x_{(n)}$是因果序列，其Z变换的极点，除可以有一个一阶极点在$z=1$上，其他极点均在单位圆内，则
   $$\lim_{n \to \infty} x(n) = \lim_{z \to 1}[(z-1)X(z)]$$
8. 序列卷积定理（离散卷积）$\quad x(n)*y(n) \Leftrightarrow X(z)*Y(z)$
9. 复卷积定理
   $$ZT[x(n)y(n)] = \frac{1}{2\pi j}\oint_c X(v)Y\left(\frac{z}{v}\right)\frac{dv}{v}$$
10. 帕斯维尔定理
    $$\sum_{n=-\infty}^{\infty} x(n)y^*(n) = \frac{1}{2\pi j}\oint_c X(v)Y^*\left(\frac{1}{v^*}\right)v^{-1}dv$$

注：关注与每个性质相关的ROC，略。

利用Z变换求解差分方程

N阶线性常系数差分方程，即

$$\sum_{k=0}^{N} a_k y(n-k) = \sum_{i=0}^{M} b_i x(n-i), \quad a_0 = 1$$

1. 稳态求解

如果输入序列$x(n)$是在$n=0$以前∞时加上的，n时刻的$y(n)$是稳态解

$$H(z) = \frac{\sum\limits_{i=0}^{M} b_i z^{-i}}{\sum\limits_{k=0}^{N} a_k z^{-k}}, \quad Y(z) = H(z)X(z)$$

$$y(n) = IZT[Y(z)]$$

2. 求暂态解

对于求N阶差分方程，求暂态解必须已知N个初始条件。设$x(n)$是因果序列，$x(n) = 0, n < 0$，已知初始条件$y(-1)$，$y(-2), \ldots y(-N)$，求移位序列的单边Z变换，

设 $Y(z) = \sum\limits_{n=0}^{N} y(n)z^{-n}$

$$ZT[y(n-m)u(m)] = z^{-m}\left[Y(z) + \sum_{k=-m}^{-1} y(k)z^{-k}\right]$$

对N阶差分方程单边Z变换为，

$$Y(z) = \frac{\sum\limits_{i=0}^{M} b_i z^{-i}}{\sum\limits_{k=0}^{N} a_k z^{-k}} X(z) - \sum_{l=-k}^{-1} y(l)z^{-l}$$

Z域（复数域）分析

逆Z变换

定义

$$x(n) = \frac{1}{2\pi j}\oint_c X(z)z^{n-1}dz$$

$$ROC: \quad R_{x-} < |z| < R_{x+}$$

围线c：c为ROC内即$c \in (R_{x-}, R_{x+})$内任意一条逆时针方向的曲线。

逆Z变换求解

留数法

$$x(n) = \frac{1}{2\pi j}\oint_c X(z)z^{n-1}dz$$

$$= \sum_k \text{Res}[X(z)z^{n-1}, z_k]$$

$$= \sum_k \text{Res}[F(z), z_k]$$

其中，$F(z) = X(z)z^{n-1}$，z_k为$F(z)$在c内的任意一个极点。

若z_k是单极点，则

$$\text{Res}[F(z), z_k] = (z-z_k)F(z)|_{z=z_k}$$

若z_k是m阶重极点，则

$$\text{Res}[F(z), z_k] = \frac{1}{(m-1)!}\frac{d^{m-1}}{dz^{m-1}}[z-z_k]^m F(z)|_{z=z_k}$$

一般当$F(z)$在内有重极点，且$F(z)$分母阶次比分子阶次高二阶以上，可转求c外的留数，即

$$\frac{1}{2\pi j}\oint_c X(z)z^{n-1}dz = -\sum_m \text{Res}[X(z)z^{n-1}, z_m]$$

其中，z_m为$F(z)$在c外的任意一个极点

幂数法（长除法）

部分分式法

$$X(z) = \frac{P(z)}{Q(z)}$$

$$= \frac{b_0 + b_1 z + \cdots + b_{M-1}z^{M-1} + b_M z^M}{a_0 + a_1 z + \cdots + a_{N-1}z^{N-1} + a_M z^M}$$

$X(z)$可展开为

$$\frac{X(z)}{z} = \frac{P(z)}{z\prod\limits_{m=1}^{N}(z-z_m)}$$

$$= \frac{A_0}{z} + \sum_{m=1}^{N} \frac{A_m}{z-z_m}$$

式中 $A_0 = \text{Res}\left[\dfrac{X(z)}{z}, 0\right]$

$$A_m = \text{Res}\left[\frac{X(z)}{z}, z_m\right]$$

$M < N$，且$Q(z)$均为单根z_k

步骤：

1. 提出一个z
2. $\dfrac{X(z)}{z}$为真分式
3. 部分分式展开
4. 化简即$\dfrac{X(z)}{z} \cdot z$
5. 查变换表

LTI系统的Z域分析

LTI系统时域、频域和z域的输入输出关系为

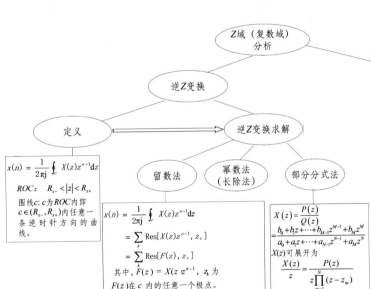

1. 传输函数(频率响应函数)

$$H(e^{j\omega}) = DTFT[h(n)] = \sum_{n=-\infty}^{\infty} h(n)e^{-j\omega n}$$

它表征系统的频率特性

2. 与系统函数

设系统初始状态为零，将$h(n)$进行Z变换，得到的H(z)称为系统函数，即

$$H(z) = \sum_{n=-\infty}^{\infty} h(n)z^{-n} = \frac{Y(z)}{X(z)}$$

3. 因果性

$$ROC: \quad R_{x-} < |z| \leq \infty$$

4. 稳定性

ROC包含单位圆

5. 因果稳定性

$$ROC: R < |z| \leq \infty, \quad \text{其中} \quad 0 < R < 1$$

2.2 思考题与典型题

1. 稳定的序列都有离散时间傅里叶变换，这种说法正确吗？

答：正确. 因为稳定的序列都满足非周期序列离散时间傅里叶变换存在的充要条件.

2. 设序列 $x(n)$ 的傅里叶变换为 $X(\mathrm{e}^{\mathrm{j}\omega})$，试求下列序列的离散时间傅里叶变换.

（1） $x(2n)$；（2） $2^n u(-n)$；（3） $\left(\dfrac{1}{4}\right)^n u(n+2)$；（4） $\delta(2-2n)$；（5） $n\left(\dfrac{1}{2}\right)^{|n|}$.

解：（1）序列的傅里叶变换，即离散时间傅里叶变换. 由序列的傅里叶变换公式：

$X(\mathrm{e}^{\mathrm{j}\omega}) = DTFT[x(n)] = \displaystyle\sum_{n=-\infty}^{\infty} x(n)\mathrm{e}^{-\mathrm{j}\omega n}$，并作 $n' = 2n$ 的变量代换得

$$
\begin{aligned}
DTFT[x(2n)] &= \sum_{n=-\infty}^{\infty} x(2n)\mathrm{e}^{-\mathrm{j}\omega n} = \sum_{n' \text{为偶数}} x(n')\mathrm{e}^{-\mathrm{j}\omega \frac{n'}{2}} \\
&= \sum_{n=-\infty}^{\infty} \frac{1}{2}\left[x(n) + (-1)^n x(n)\mathrm{e}^{-\mathrm{j}\omega \frac{n}{2}} \right] \\
&= \frac{1}{2}\sum_{n=-\infty}^{\infty} x(n)\mathrm{e}^{-\mathrm{j}\omega \frac{n}{2}} + \frac{1}{2}\sum_{n=-\infty}^{\infty} x(n)\mathrm{e}^{-\mathrm{j}\left(\frac{\omega}{2}+\pi\right)n} \\
&= \frac{1}{2}X(\mathrm{e}^{\mathrm{j}\frac{\omega}{2}}) + \frac{1}{2}X\left(\mathrm{e}^{\mathrm{j}\left(\frac{\omega}{2}+\pi\right)} \right) \\
&= \frac{1}{2}X(\mathrm{e}^{\mathrm{j}\frac{\omega}{2}}) + X(-\mathrm{e}^{\mathrm{j}\frac{\omega}{2}}).
\end{aligned}
$$

（2） $\begin{aligned}[t] X(\mathrm{e}^{\mathrm{j}\omega}) &= \sum_{n=-\infty}^{\infty} 2^n u(-n)\mathrm{e}^{-\mathrm{j}\omega n} = \sum_{n=-\infty}^{0} 2^n \mathrm{e}^{-\mathrm{j}\omega n} \\ &= \sum_{n=0}^{\infty} \left(\frac{1}{2}\mathrm{e}^{\mathrm{j}\omega}\right)^n = \frac{1}{1 - \dfrac{1}{2}\mathrm{e}^{\mathrm{j}\omega}} \quad. \end{aligned}$

（3） $\begin{aligned}[t] X(\mathrm{e}^{\mathrm{j}\omega}) &= \sum_{n=-\infty}^{\infty} \left(\frac{1}{4}\right)^n u(n+2)\mathrm{e}^{-\mathrm{j}\omega n} = \sum_{n=-2}^{\infty} \left(\frac{1}{4}\right)^n \mathrm{e}^{-\mathrm{j}\omega n} \\ &= \sum_{m=0}^{\infty} \left(\frac{1}{4}\right)^{m-2} \mathrm{e}^{\mathrm{j}\omega(m-2)} = \frac{16\mathrm{e}^{\mathrm{j}2\omega}}{1 - \dfrac{1}{4}\mathrm{e}^{-\mathrm{j}\omega}}. \end{aligned}$

（4） $X(\mathrm{e}^{\mathrm{j}\omega}) = \displaystyle\sum_{n=-\infty}^{\infty} x(n)\mathrm{e}^{-\mathrm{j}\omega n} = \sum_{n=-\infty}^{\infty} \delta(2-2n)\mathrm{e}^{-\mathrm{j}\omega n} = \mathrm{e}^{-\mathrm{j}\omega}.$

（5）$\hat{X}(\omega) = \sum\limits_{n=-\infty}^{\infty} \left(\dfrac{1}{2}\right)^{|n|} e^{-j\omega n} = \left(\dfrac{1}{1-\dfrac{1}{2}e^{-j\omega}} + \dfrac{1}{1-\dfrac{1}{2}e^{j\omega}} - 1\right)$.

利用性质，可得

$$X(e^{j\omega}) = -j\dfrac{d\hat{X}(\omega)}{d\omega} = -\dfrac{1}{2}e^{j\omega}\dfrac{1}{\left(1-\dfrac{1}{2}e^{j\omega}\right)^2} + \dfrac{1}{2}e^{-j\omega}\dfrac{1}{\left(1-\dfrac{1}{2}e^{-j\omega}\right)^2}.$$

3．求下列序列的离散时间傅里叶变换.

（1）$x^*(-n)$；　　　　（2）$\mathrm{Re}\big[x(n)\big]$；　　　　（3）$x_o(n)$.

解： 由序列的傅里叶变换公式：$X(e^{j\omega}) = DTFT[x(n)] = \sum\limits_{n=-\infty}^{\infty} x(n)e^{-j\omega n}$ 得：

（1）$DTFT[x^*(-n)] = \sum\limits_{n=-\infty}^{\infty} x^*(-n)e^{-j\omega n} = \left(\sum\limits_{n=-\infty}^{\infty} x(-n)e^{-j\omega(-n)}\right)^* = X^*(e^{j\omega})$.

（2）$DTFT[\mathrm{Re}[x(n)]] = \sum\limits_{n=-\infty}^{\infty} \mathrm{Re}[x(n)]e^{-j\omega n} = \sum\limits_{n=-\infty}^{\infty} \dfrac{1}{2}\big(x(n) + x^*(n)\big)e^{-j\omega n}$

$$= \dfrac{1}{2}\big(X(e^{j\omega}) + X^*(e^{-j\omega})\big) = X_e(e^{j\omega}).$$

（3）$DTFT[x_o(n)] = \sum\limits_{n=-\infty}^{\infty} x_o(n)e^{-j\omega} = \dfrac{1}{2}\sum\limits_{n=-\infty}^{\infty} \big(x(n) - x^*(-n)\big)e^{-j\omega n} = j\mathrm{Im}[X(e^{j\omega})]$.

✦ **提示：**

本题结论可作公式使用，即若 $DTFT[x(n)] = X(e^{j\omega})$，则：

$DTFT[x(-n)] = X(e^{-j\omega})$；

$DTFT[x^*(-n)] = X^*(e^{j\omega})$；

$DTFT[x^*(n)] = X^*(e^{-j\omega})$.

$X_e(e^{j\omega}) = \dfrac{X(e^{j\omega}) + X^*(e^{-j\omega})}{2}$，$x_e(n) = \dfrac{x(n) + x^*(-n)}{2}$；

$X_o(e^{j\omega}) = \dfrac{X(e^{j\omega}) - X^*(e^{-j\omega})}{2}$，$x_o(n) = \dfrac{x(n) - x^*(-n)}{2}$.

4．已知两个序列 $x_1(n) = x_2(n) = \{1, 2, 1\}$，试求：

（1）按定义求 $X_1(e^{j\omega}) = DTFT[x_1(n)]$；

（2）利用时域卷积定理计算 $y(n) = x_1(n) * x_2(n)$.

解：（1）应用 DTFT 的定义式得

$$X_1(e^{j\omega}) = X_2(e^{j\omega}) = DTFT[x_1(n)] = \sum_{n=-1}^{1} x(n)e^{-j\omega n} = e^{j\omega} + 2 + e^{-j\omega}.$$

（2）由欧拉公式得

$$X_1(e^{j\omega}) = X_2(e^{j\omega}) = 2(1+\cos\omega),$$

则

$$Y(e^{j\omega}) = X_1(e^{j\omega})X_2(e^{j\omega}) = 4(1+\cos\omega)^2$$

$$= 6 + 8\cos\omega + 2\cos 2\omega = 6 + 4(e^{j\omega} + e^{-j\omega}) + (e^{j2\omega} + e^{-j2\omega}).$$

将 $Y(e^{j\omega})$ 与 DTFT 的定义对比，所以两个序列的卷积 $y(n) = \{1, 4, \underline{6}, 4, 1\}$.

5. 系统由差分方程 $y(n) - \dfrac{1}{2}y(n-1) = x(n) + \dfrac{1}{2}x(n-1)$ 描述，设系统是因果的. 试求：

（1）系统的阶数；

（2）系统函数 $H(z)$，并指出收敛域和零极点；

（3）采用递推法确定其单位采样响应 $h(n)$；

（4）采用留数法确定其单位采样响应 $h(n)$；

（5）求系统的频率响应函数.

解：（1）系统是一阶系统.

（2）在差分方程两边取 Z 变换并化简得

$$\left(1 - \frac{1}{2}z^{-1}\right)Y(z) = \left(1 + \frac{1}{2}z^{-1}\right)X(z).$$

故系统函数为

$$H(z) = \frac{Y(z)}{X(z)} = \frac{1 + \dfrac{1}{2}z^{-1}}{1 - \dfrac{1}{2}z^{-1}} = \frac{z + \dfrac{1}{2}}{z - \dfrac{1}{2}}.$$

令 $H(z)$ 的分子多项式等于零，得零点为 $z = -\dfrac{1}{2}$；

令 $H(z)$ 的分母多项式等于零，得极点为 $z = \dfrac{1}{2}$；

又因为系统是因果系统，所以收敛域（收敛域）为 $\dfrac{1}{2} < |z| \le \infty$.

（3）由系统是因果的可知，$x(n) = \delta(n)$，且 $y(n) = h(n) = 0, n < 0$. 因为

$$y(n) - \frac{1}{2}y(n-1) = x(n) + \frac{1}{2}x(n-1),$$

即

$$h(n) - \frac{1}{2}h(n-1) = x(n) + \frac{1}{2}x(n-1),$$

故
$$h(0) = \frac{1}{2}h(-1) + x(0) + \frac{1}{2}x(-1) = 1 ;$$

$$h(1) = \frac{1}{2}h(0) + x(1) + \frac{1}{2}x(0) = \frac{1}{2} + \frac{1}{2} = 1 ;$$

$$h(2) = \frac{1}{2}h(1) + x(2) + \frac{1}{2}x(1) = \frac{1}{2} ;$$

$$h(3) = \frac{1}{2}h(2) + x(3) + \frac{1}{2}x(2) = \left(\frac{1}{2}\right)^2 .$$

可以推得

$$h(n) = \frac{1}{2}y(n-1) + x(n) + \frac{1}{2}x(n-1) = \left(\frac{1}{2}\right)^{n-1} ,$$

即

$$h(n) = \begin{cases} \left(\dfrac{1}{2}\right)^{n-1} u(n) , & n \neq 0, \\ u(n) , & n \neq 0, \end{cases}$$

或写成

$$h(n) = \delta(n) + \left(\frac{1}{2}\right)^{n-1} u(n-1) \quad \text{或} \quad h(n) = -\delta(n) + \left(\frac{1}{2}\right)^n u(n) .$$

（4）如图 2.1 所示，利用留数法求 $H(z)$ 的 z 反变换. 令

$$F(z) = H(z)z^{n-1} = \frac{z+\dfrac{1}{2}}{z\left(z-\dfrac{1}{2}\right)}z^n ,$$

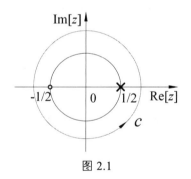

图 2.1

求 $F(z)$ 的极点，有:

当 $n > 0$ 时，$z_1 = \dfrac{1}{2}$;

当 $n = 0$ 时，$z_1 = \dfrac{1}{2}$，$z_2 = 0$;

当 $n < 0$ 时，$z_1 = \dfrac{1}{2}$，$z_2 = 0$（$n+1$ 阶极点）.

因此，当 $n > 0$ 时，$F(z)$ 在围线 c 内有极点 $z_1 = \dfrac{1}{2}$，故

$$h(n) = \operatorname{Res}\left[F(z), z_1\right]_{z=z_1=\frac{1}{2}} = \left(z-\frac{1}{2}\right)\frac{\left(z+\dfrac{1}{2}\right)z^{n-1}}{z-\dfrac{1}{2}}\bigg|_{z=\frac{1}{2}} = \left(\frac{1}{2}\right)^{n-1} ;$$

当 $n = 0$ 时，$F(z)$ 在围线 c 内有两个单极点，即 $z_1 = \dfrac{1}{2}$，$z_2 = 0$，故

$$h(n) = \operatorname{Res}\left[F(z), z_1\right]_{z=z_1=\frac{1}{2}} + \operatorname{Res}\left[F(z), z_2\right]_{z=z_2=0}$$

$$= \left(z - \frac{1}{2}\right)\frac{\left(z + \dfrac{1}{2}\right)z^{0-1}}{z - \dfrac{1}{2}}\Bigg|_{z=\frac{1}{2}} + z\frac{\left(z + \dfrac{1}{2}\right)z^{0-1}}{z - \dfrac{1}{2}}\Bigg|_{z=\frac{1}{2}} = 2 - 1 = 1;$$

当 $n < 0$ 时，$F(z)$ 围线 c 内有 $z_2 = 0$ 的 n 阶极点，因为此时，$F(z)$ 的分母次数高于分子次数 2 或 2 阶以上，所以改求 c 外所有极点的留数和的负数，由于 $F(z)$ 在 c 外无极点，故 $h(n) = 0$（也可由题意知，$h(n)$ 是因果系统，故当 $n < 0$ 时，$h(n) = 0$）．

综合上述各种情况，最后有

$$h(n) = \delta(n) + \left(\frac{1}{2}\right)^{n-1} u(n-1).$$

（5）$H(\mathrm{e}^{\mathrm{j}\omega}) = \dfrac{\mathrm{e}^{\mathrm{j}\omega} + \dfrac{1}{2}}{\mathrm{e}^{\mathrm{j}\omega} - \dfrac{1}{2}}.$

2.3 习题解答

1. 根据序列的傅里叶变换定义，求下列序列的 DTFT．

（1）$x(n) = \delta(n-3)$；

（2）$x(n) = \left\{\dfrac{1}{2}, \underline{0}, \dfrac{1}{2}\right\}$；

（3）$x(n) = a^n u(n)$，$0 < a < 1$；

（4）$x(n) = R_5(n)$．

解：根据傅里叶变换的定义可得：

（1）$X(\mathrm{e}^{\mathrm{j}\omega}) = DTFT[x(n)] = \displaystyle\sum_{n=-\infty}^{\infty} \delta(n-3)\mathrm{e}^{-\mathrm{j}\omega n} = \mathrm{e}^{-\mathrm{j}3\omega}.$

（2）$X(\mathrm{e}^{\mathrm{j}\omega}) = DTFT[x(n)] = \displaystyle\sum_{n=-\infty}^{\infty} x(n)\mathrm{e}^{-\mathrm{j}\omega n} = \dfrac{1}{2}\mathrm{e}^{\mathrm{j}\omega} + 0 + \dfrac{1}{2}\mathrm{e}^{-\mathrm{j}\omega} = \cos\omega.$

（3）$X(\mathrm{e}^{\mathrm{j}\omega}) = DTFT[x(n)] = \displaystyle\sum_{n=-\infty}^{\infty} a^n u(n)\mathrm{e}^{-\mathrm{j}\omega n} = \displaystyle\sum_{n=0}^{\infty} a^n \mathrm{e}^{-\mathrm{j}\omega n} = \dfrac{1}{1 - a\mathrm{e}^{-\mathrm{j}\omega}}.$

（4）$X(\mathrm{e}^{\mathrm{j}\varpi}) = DTFT\left[R_5(n)\right] = \displaystyle\sum_{n=0}^{4} 1 \cdot \mathrm{e}^{-\mathrm{j}\omega n} = \dfrac{1 - \mathrm{e}^{-\mathrm{j}5\omega}}{1 - \mathrm{e}^{-\mathrm{j}\omega}}$

$$= \frac{\mathrm{e}^{-\mathrm{j}\frac{5}{2}\omega}}{\mathrm{e}^{-\mathrm{j}\frac{1}{2}\omega}} \cdot \frac{\mathrm{e}^{\mathrm{j}\frac{5}{2}\omega} - \mathrm{e}^{-\mathrm{j}\frac{5}{2}\omega}}{\mathrm{e}^{\mathrm{j}\frac{1}{2}\omega} - \mathrm{e}^{-\mathrm{j}\frac{1}{2}\omega}} = \mathrm{e}^{-\mathrm{j}2\omega} \cdot \frac{\sin\left(\dfrac{5\omega}{2}\right)}{\sin\left(\dfrac{\omega}{2}\right)}.$$

提示:

1. 等比数列前 n 项和公式:

$$S_n = \frac{a_1(1-q^n)}{1-q},\ \text{其中 } a_1 \text{ 是首项，} q \text{ 是公比.}$$

2. 欧拉公式: $\mathrm{e}^{\mathrm{j}\theta} = \cos\theta + \mathrm{j}\sin\theta$.

所以 $\sin\theta = \dfrac{\mathrm{e}^{\mathrm{j}\theta} - \mathrm{e}^{-\mathrm{j}\theta}}{2\mathrm{j}}$, $\cos\theta = \dfrac{\mathrm{e}^{\mathrm{j}\theta} + \mathrm{e}^{-\mathrm{j}\theta}}{2}$.

2. 已知 $X(\mathrm{e}^{\mathrm{j}\omega}) = \begin{cases} 1, |\omega| < \omega_0, \\ 0, \omega_0 \leqslant |\omega| \leqslant \pi, \end{cases}$ 求 $X(\mathrm{e}^{\mathrm{j}\omega})$ 的傅里叶反变换 $x(n)$.

解: 序列的傅里叶反变换定义为

$$x(n) = IDTFT[X(\mathrm{e}^{\mathrm{j}\omega})] = \frac{1}{2\pi} \int_{-\pi}^{\pi} X(\mathrm{e}^{\mathrm{j}\omega}) \mathrm{e}^{\mathrm{j}\omega n} \mathrm{d}\omega.$$

将 $X(\mathrm{e}^{\mathrm{j}\omega})$ 的值代入上式得

$$x(n) = \frac{1}{2\pi} \int_{-\omega_0}^{\omega_0} \mathrm{e}^{\mathrm{j}\omega n} \mathrm{d}\omega = \frac{1}{2\pi} \times \frac{1}{\mathrm{j}n} \int_{-\omega_0}^{\omega_0} \mathrm{e}^{\mathrm{j}\omega n} \mathrm{dj}n\omega$$

$$= \frac{1}{2\pi} \times \frac{1}{\mathrm{j}n} \mathrm{e}^{\mathrm{j}\omega n} \Big|_{-\omega_0}^{\omega_0} = \frac{1}{\mathrm{j}2\pi n} (\mathrm{e}^{\mathrm{j}\omega_0 n} - \mathrm{e}^{-\mathrm{j}\omega_0 n}) = \frac{\sin\omega_0 n}{\pi n}.$$

3. 设 $X(\mathrm{e}^{\mathrm{j}\omega})$ 是图 2.2 所示的 $x(n)$ 信号的 DTFT，不直接求出 $X(\mathrm{e}^{\mathrm{j}\omega})$，试完成下列计算.

（1）$X(\mathrm{e}^{\mathrm{j}0})$; （2）$\int_{-\pi}^{\pi} X(\mathrm{e}^{\mathrm{j}\omega}) \mathrm{d}\omega$;

（3）$X(\mathrm{e}^{\mathrm{j}\pi})$; （4）$\int_{-\pi}^{\pi} \left| X(\mathrm{e}^{\mathrm{j}\omega}) \right|^2 \mathrm{d}\omega$.

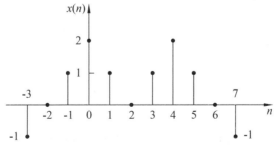

图 2.2

解: 本题利用序列的傅里叶变换的正反变换定义来计算.

$x(n)$ 的 DTFT 正反变换定义分别为

$$X(\mathrm{e}^{\mathrm{j}\omega}) = DTFT[x(n)] = \sum_{n=-\infty}^{\infty} x(n)\mathrm{e}^{-\mathrm{j}\omega n} \ ;$$

$$x(n) = IDTFT[X(\mathrm{e}^{\mathrm{j}\omega})] = \frac{1}{2\pi}\int_{-\pi}^{\pi} X(\mathrm{e}^{\mathrm{j}\omega})\mathrm{e}^{\mathrm{j}\omega n}\mathrm{d}\omega \ .$$

（1）由正变换可知

$$X(\mathrm{e}^{\mathrm{j}0}) = \sum_{n=-\infty}^{\infty} x(n)\mathrm{e}^{-\mathrm{j}0\cdot n} = \sum_{n=-\infty}^{\infty} x(n) = -1+1+2+1+1+2+1-1 = 6 \ .$$

（2）由对应的反变换定义有

$$\int_{-\pi}^{\pi} X(\mathrm{e}^{\mathrm{j}\omega})\mathrm{d}\omega = \int_{-\pi}^{\pi} X(\mathrm{e}^{\mathrm{j}\omega})\mathrm{e}^{\mathrm{j}0}\mathrm{d}\omega = 2\pi x(0) = 4\pi \ .$$

（3）由正变换可知

$$X(\mathrm{e}^{\mathrm{j}\pi}) = \sum_{n=-\infty}^{\infty} x(n)\mathrm{e}^{-\mathrm{j}\pi n} = \sum_{n=-\infty}^{\infty} (-1)^n x(n) = 1-1+2-1-1+2-1+1 = 2 \ .$$

（4）由帕斯维尔（Parseval）定理：

$$\sum_{n=-\infty}^{\infty} |x(n)|^2 = \frac{1}{2\pi}\int_{-\pi}^{\pi} |X(\mathrm{e}^{\mathrm{j}\omega})|^2 \mathrm{d}\omega$$

可得

$$\int_{-\pi}^{\pi} |X(\mathrm{e}^{\mathrm{j}\omega})|^2 \mathrm{d}\omega = 2\pi \sum_{n=-\infty}^{\infty} |x(n)|^2 = 2\pi \sum_{n=-3}^{7} |x(n)|^2$$

$$= 2\pi[(-1)^2 +1+2^2 +1+1+2^2 +1+(-1)^2] = 28\pi \ .$$

4. 已知 $x(n)$ 的 DTFT 为 $X(\mathrm{e}^{\mathrm{j}\omega})$ ，用 $X(\mathrm{e}^{\mathrm{j}\omega})$ 表示下列信号的 DTFT.

（1） $x(-n)$ ；   （2） $y(n) = x(1-n) + x(-1-n)$ ；

（3） $x^*(n)$ ；   （4） $nx(n)$.

解：（1）由 DTFT 定义可知

$$DTFT[x(-n)] = \sum_{n=-\infty}^{\infty} x(-n)\mathrm{e}^{-\mathrm{j}\omega n} \ .$$

令 $m = -n$ ，上式变为

$$DTFT[x(-n)] = \sum_{n=-\infty}^{\infty} x(m)\mathrm{e}^{\mathrm{j}\omega m} = X(\mathrm{e}^{-\mathrm{j}\omega}) \ .$$

（2）由（1）题可知 $DTFT[x(-n)] = X(\mathrm{e}^{-\mathrm{j}\omega})$. 再由时移性质，即

$$DTFT[x(n-n_0)] = \mathrm{e}^{-\mathrm{j}\omega n_0} X(\mathrm{e}^{\mathrm{j}\omega}) \ ,$$

所以

$$DTFT[x(1-n)] = DTFT[x(-(n-1))] = \mathrm{e}^{-\mathrm{j}\omega} X(\mathrm{e}^{-\mathrm{j}\omega}) \ .$$

同理有

$$DTFT[x(-1-n)] = e^{j\omega}X(e^{-j\omega}).$$

则

$$\begin{aligned}DTFT[y(n)] &= DTFT[x(1-n)] + DTFT[x(-1-n)]\\ &= e^{-j\omega}X(e^{-j\omega}) + e^{j\omega}X(e^{-j\omega}) = 2\cos\omega X(e^{-j\omega}).\end{aligned}$$

（3）$DTFT[x^*(n)] = \displaystyle\sum_{n=-\infty}^{\infty} x^*(n)e^{-j\omega n} = \left[\sum_{n=-\infty}^{\infty} x(n)e^{j\omega n}\right]^* = X^*(e^{-j\omega})$.

（4）由序列的傅里叶变换可知

$$X(e^{j\omega}) = \sum_{n=-\infty}^{\infty} x(n)e^{-j\omega n}.$$

在上式两边对 ω 求导得

$$\frac{dX(e^{j\omega})}{d\omega} = -j\sum_{n=-\infty}^{\infty} nx(n)e^{-j\omega n} = -jDTFT[nx(n)].$$

因此

$$DTFT[nx(n)] = j\frac{dX(e^{j\omega})}{d\omega}.$$

5. 利用性质求下列序列的 *DTFT*.

（1）$y(n) = \delta(n) + 3\delta(n-3) - 2\delta(n-4)$；

（2）$x(n) = u(n+3) - u(n-4)$.

解：（1）因为 $\delta(n)$ 的 DTFT 变换对为 $\delta(n) \Leftrightarrow 1$，再由线性与移位性质可得

$$\begin{aligned}Y(e^{j\omega}) &= DTFT[y(n)]\\ &= DTFT[\delta(n)] + 3DTFT[\delta(n-3)] - 2DTFT[\delta(n-4)]\\ &= 1 + 3e^{-j3\omega} - 2e^{-j4\omega}.\end{aligned}$$

（2）由于 $u(n)$ 不能绝对可和，所以其 DTFT 不存在. 因此，为了利用 DTFT 性质只能将 $x(n)$ 展开为

$$\begin{aligned}x(n) &= u(n+3) - u(n-4)\\ &= \delta(n+3) + \delta(n+2) + \delta(n+1) + \delta(n) + \delta(n-1) + \delta(n-2) + \delta(n-3).\end{aligned}$$

所以

$$\begin{aligned}X(e^{j\omega}) &= e^{j3\omega} + e^{j2\omega} + e^{j\omega} + 1 + e^{-j\omega} + e^{-j2\omega} + e^{-j3\omega}\\ &= e^{j3\omega}(1 + e^{-j\omega} + e^{-j2\omega} + e^{-j3\omega} + e^{-j4\omega} + e^{-j5\omega} + e^{-j6\omega})\\ &= e^{j3\omega}\frac{1 - e^{-j7\omega}}{1 - e^{-j\omega}} = e^{j3\omega}\frac{e^{-j\frac{7\omega}{2}}\left(e^{j\frac{7\omega}{2}} - e^{-j\frac{7\omega}{2}}\right)}{e^{-j\frac{\omega}{2}}\left(e^{j\frac{\omega}{2}} - e^{-j\frac{\omega}{2}}\right)} = \frac{\sin\frac{7\omega}{2}}{\sin\frac{\omega}{2}}.\end{aligned}$$

当然，也可将 $x(n)$ 表示成

$$x(n) = u(n+3) - u(n-4) = \{1,1,1,\underline{1},1,1,1\}$$

或 $$x(n) = u(n+3) - u(n-4) = R_7(n+3) \ ,$$

再利用定义求解. （这里略，读者可自行练习）

6. 求 $X(\mathrm{e}^{\mathrm{j}\omega}) = \cos^2 \omega$ 的傅里叶反变换.

解：利用倍角三角函数 $\cos(2\omega) = \cos^2 \omega - \sin^2 \omega = 2\cos^2 \omega - 1$ 和欧拉公式有

$$X(\mathrm{e}^{\mathrm{j}\omega}) = \cos^2 \omega = \frac{1}{2}(1 + \cos 2\omega) = \frac{1}{2} + \frac{1}{4}\mathrm{e}^{\mathrm{j}2\omega} + \frac{1}{4}\mathrm{e}^{-\mathrm{j}2\omega},$$

或 $$X(\mathrm{e}^{\mathrm{j}\omega}) = \cos^2 \omega = \left(\frac{\mathrm{e}^{\mathrm{j}\omega} + \mathrm{e}^{-\mathrm{j}\omega}}{2}\right)^2 = \frac{1}{4}\mathrm{e}^{\mathrm{j}2\omega} + \frac{1}{2} + \frac{1}{4}\mathrm{e}^{-\mathrm{j}2\omega} \ .$$

将上式对照序列的傅里叶变换定义式展开式，得

$$X(\mathrm{e}^{\mathrm{j}\omega}) = DTFT[x(n)] = \sum_{n=-\infty}^{\infty} x(n)\mathrm{e}^{-\mathrm{j}\omega n} = \cdots + \mathrm{e}^{\mathrm{j}2\omega} + \mathrm{e}^{\mathrm{j}\omega} + 1 + \mathrm{e}^{-\mathrm{j}\omega} + \mathrm{e}^{-\mathrm{j}2\omega} + \cdots.$$

不难得出

$$x(n) = \left\{ \frac{1}{4}, 0, \frac{1}{2}, 0, \frac{1}{4} \right\}.$$

如若直接利用序列的傅里叶反变换定义式求解，比较麻烦，如下：

$$x(n) = IDTFT[X(\mathrm{e}^{\mathrm{j}\omega})] = \frac{1}{2\pi}\int_{-\pi}^{\pi} X(\mathrm{e}^{\mathrm{j}\omega})\mathrm{e}^{\mathrm{j}\omega n}\mathrm{d}\omega$$

$$= \frac{1}{2\pi}\int_{-\pi}^{\pi} \cos^2 \omega \mathrm{e}^{\mathrm{j}\omega n}\mathrm{d}\omega = \frac{1}{2\pi}\int_{-\pi}^{\pi} \frac{1}{2}(\cos 2\omega + 1)\mathrm{e}^{\mathrm{j}\omega n}\mathrm{d}\omega$$

$$= \frac{1}{4\pi}\left[\int_{-\pi}^{\pi} \cos 2\omega \times \mathrm{e}^{\mathrm{j}\omega n}\mathrm{d}\omega + \int_{-\pi}^{\pi} \mathrm{e}^{\mathrm{j}\omega n}\mathrm{d}\omega\right]$$

$$= \frac{1}{4\pi}\left[\frac{\sin(n+2)\pi}{n+2} + \frac{\sin(n-2)\pi}{n-2} + \frac{2\sin(\pi n)}{n}\right]$$

$$= \frac{\sin(n+2)\pi}{4\pi(n+2)} + \frac{\sin(n-2)\pi}{4\pi(n-2)} + \frac{\sin(\pi n)}{2\pi n},$$

其中 $$\int_{-\pi}^{\pi} \mathrm{e}^{\mathrm{j}\omega n}\mathrm{d}\omega = \frac{1}{\mathrm{j}n}\mathrm{e}^{\mathrm{j}\omega n}\Big|_{-\pi}^{\pi} = \frac{\mathrm{e}^{\mathrm{j}\pi n} - \mathrm{e}^{-\mathrm{j}\pi n}}{\mathrm{j}n} = \frac{2\sin(\pi n)}{n} \ ;$$

$$\int_{-\pi}^{\pi} \cos 2\omega \times \mathrm{e}^{\mathrm{j}\omega n}\mathrm{d}\omega = \int_{-\pi}^{\pi} \frac{\mathrm{e}^{\mathrm{j}2\omega} + \mathrm{e}^{-\mathrm{j}2\omega}}{2}\mathrm{e}^{\mathrm{j}\omega n}\mathrm{d}\omega = \frac{1}{2}\int_{-\pi}^{\pi} (\mathrm{e}^{\mathrm{j}\omega(n+2)} + \mathrm{e}^{\mathrm{j}\omega(n-2)})\mathrm{d}\omega$$

$$= \frac{1}{2}\left(\frac{\mathrm{e}^{\mathrm{j}\omega(n+2)}}{\mathrm{j}\omega(n+2)}\Big|_{-\pi}^{\pi} + \frac{\mathrm{e}^{\mathrm{j}\omega(n-2)}}{\mathrm{j}\omega(n-2)}\Big|_{-\pi}^{\pi}\right) = \frac{\sin(n+2)\pi}{n+2} + \frac{\sin(n-2)\pi}{n-2} .$$

分析 $x(n)$ 易得

当 $n = 0$ 时，$x(0) = \dfrac{\sin 2\pi}{8\pi} + \dfrac{\sin(-2)\pi}{4\pi(-2)} + \dfrac{1}{2}\lim\limits_{n \to 0}\dfrac{\sin(\pi n)}{\pi n} = \dfrac{1}{2}$.

同理，当 $n = 2$ 时，$x(2) = \dfrac{1}{4}$；

当 $n = -2$ 时，$x(-2) = \dfrac{1}{4}$；

当 $n \neq 0, -2, 2$（即其他）时，$x(n) = 0$.

因此，$x(n) = \left\{\dfrac{1}{4}, 0, \dfrac{1}{2}, 0, \dfrac{1}{4}\right\}$.

7. 设 $x(n) = \begin{cases} 1, & n = 0, 1, \\ 0, & \text{其他}, \end{cases}$ 将 $x(n)$ 以 4 为周期进行周期延拓，形成周期序列 $\tilde{x}(n)$，画出 $x(n)$ 和 $\tilde{x}(n)$ 的波形，求出 $\tilde{x}(n)$ 的离散傅里叶级数 $\tilde{X}(k)$ 和傅里叶变换.

解：由题意可得

$$\tilde{x}(n) = \cdots + \delta(n+4) + \delta(n+3) + 0 + 0 + \delta(n) + \delta(n-1) + 0 + 0 + \delta(n-4) + \delta(n-5) + \cdots.$$

$x(n)$ 和 $\tilde{x}(n)$ 的波形如图 2.3 所示.

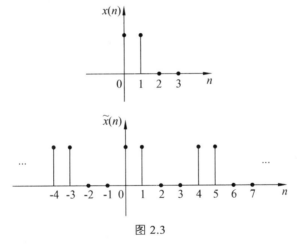

图 2.3

由离散傅里叶级数定义可知

$$\tilde{X}(k) = DFS\big[\tilde{x}(n)\big] = \sum_{n=0}^{N-1}\tilde{x}(n)\mathrm{e}^{-\mathrm{j}\frac{2\pi}{N}kn} = \sum_{n=0}^{1}\mathrm{e}^{-\mathrm{j}\frac{\pi}{2}kn} = 1 + \mathrm{e}^{-\mathrm{j}\frac{\pi}{2}k}.$$

对上式化简得

$$\tilde{X}(k) = \mathrm{e}^{-\mathrm{j}\frac{\pi}{4}k}\left(\mathrm{e}^{\mathrm{j}\frac{\pi}{4}k} + \mathrm{e}^{-\mathrm{j}\frac{\pi}{4}k}\right) = 2\cos\left(\dfrac{\pi}{4}k\right)\mathrm{e}^{-\mathrm{j}\frac{\pi}{4}k},$$

其中 $\tilde{X}(k)$ 也是以 4 为周期的周期序列.

再由离散傅里叶变换定义得

$$X(\mathrm{e}^{\omega}) = DTFT\left[\tilde{x}(n)\right] = \frac{2\pi}{N}\sum_{k=-\infty}^{\infty}\tilde{X}(k)\delta\left(\omega - \frac{2\pi}{N}k\right)$$

$$= \pi\sum_{k=-\infty}^{\infty}\cos\left(\frac{\pi}{4}k\right)\delta\left(\omega - \frac{\pi}{2}k\right)\mathrm{e}^{-\mathrm{j}\frac{\pi}{4}k}.$$

8. 设系统的单位采样响应 $h(n) = a^n u(n)$ ， $0 < a < 1$ ，输入序列为 $x(n) = \delta(n) + 2\delta(n-2)$ ，完成下面各题：

（1）求出系统的输出序列 $y(n)$ ；

（2）分别求出 $x(n)$ ， $h(n)$ 和 $y(n)$ 的傅里叶变换.

解：利用 LTI 系统的输出等于输入和单位采样响应的卷积和两个重要等式求解系统的输出.

（1）系统输出为

$$y(n) = x(n) * h(n) = [\delta(n) + 2\delta(n-2)] * a^n u(n)$$

$$= a^n u(n) + 2a^{n-2}u(n-2).$$

（2）由 DTFT 的定义可得

$$X(\mathrm{e}^{\mathrm{j}\omega}) = DTFT[x(n)] = \sum_{n=-\infty}^{\infty}x(n)\mathrm{e}^{-\mathrm{j}\omega n}$$

$$= \sum_{n=-\infty}^{\infty}[\delta(n) + 2\delta(n-2)]\mathrm{e}^{-\mathrm{j}\omega n} = 1 + 2\mathrm{e}^{-\mathrm{j}2\omega};$$

$$H(\mathrm{e}^{\mathrm{j}\omega}) = DTFT[h(n)] = \sum_{n=-\infty}^{\infty}h(n)\mathrm{e}^{-\mathrm{j}\omega n}$$

$$= \sum_{n=-\infty}^{\infty}a^n u(n)\mathrm{e}^{-\mathrm{j}\omega n} = \sum_{n=0}^{\infty}a^n\mathrm{e}^{-\mathrm{j}\omega n} = \frac{1}{1 - a\mathrm{e}^{-\mathrm{j}\omega}},$$

其中 $\sum_{n=0}^{\infty}a^n\mathrm{e}^{-\mathrm{j}\omega n}$ 是等比为 $a\mathrm{e}^{-\mathrm{j}\omega}$ 的递减等比级数.

再由时域卷积定理得

$$Y(\mathrm{e}^{\mathrm{j}\omega}) = X(\mathrm{e}^{\mathrm{j}\omega})H(\mathrm{e}^{\mathrm{j}\omega}) = \frac{1 + 2\mathrm{e}^{-\mathrm{j}2\omega}}{1 - a\mathrm{e}^{-\mathrm{j}\omega}}.$$

 注释：

1. 两个重要等式：

$x(n) * \delta(n) = x(n);$

$x(n) * \delta(n-k) = x(n-k).$

2. 递减等比级数/数列的前 n 项和公式：

$S_n = \dfrac{a_1}{1-q}$ ， $0 < q < 1$ ， a_1 是首项， q 是公比.

9. 已知 $x_a(t) = 2\cos(2\pi f_0 t)$ ，式中 $f_0 = 100\,\text{Hz}$ ，以采样频率 $f_s = 400\,\text{Hz}$ 对 $x_a(t)$ 进行采样，得到采样信号 $\hat{x}_a(t)$ 和时域离散信号 $x(n)$ ，试完成下面各题：

（1）写出 $x_a(t)$ 的傅里叶变换表示式 $X_a(\text{j}\Omega)$ ；

（2）写出 $\hat{x}_a(t)$ 和 $x(n)$ 的表达式；

（3）分别求出 $\hat{x}_a(t)$ 的傅里叶变换和序列 $x(n)$ 的傅里叶变换.

解：由题意知：$\Omega_0 = 2\pi f_0 = 200\pi\,(\text{rad/s})$ ，$\Omega_s = \dfrac{2\pi}{T} = 2\pi f_s = 800\pi\,(\text{rad/s})$.

（1）由连续信号的傅里叶变换定义可知

$$X_a(\text{j}\Omega) = \int_{-\infty}^{\infty} x_a(t)\text{e}^{-\text{j}\Omega t}\text{d}t = \int_{-\infty}^{\infty} 2\cos(2\pi f_0 t)\text{e}^{-\text{j}\Omega t}\text{d}t.$$

利用欧拉公式化简上式得

$$X_a(\text{j}\Omega) = \int_{-\infty}^{\infty} (\text{e}^{\text{j}2\pi f_0 t} + \text{e}^{-\text{j}2\pi f_0 t})\text{e}^{-\text{j}\Omega t}\text{d}t = \int_{-\infty}^{\infty} (\text{e}^{\text{j}200\pi t} + \text{e}^{-\text{j}200\pi t})\text{e}^{-\text{j}\Omega t}\text{d}t.$$

很明显，$X_a(\text{j}\Omega)$ 的指数函数傅里叶变换不存在，为此，引入奇异函数 δ ，可求取 $X_a(\text{j}\Omega)$ 的傅里叶变换，其表达式为

$$X_a(\text{j}\Omega) = 2\pi[\delta(\Omega - \Omega_0) + \delta(\Omega + \Omega_0)].$$

（2）$\hat{x}_a(t) = \displaystyle\sum_{n=-\infty}^{\infty} x_a(t)\delta(t - nT)$

$$= \sum_{n=-\infty}^{\infty} 2\cos(2\pi f_0 nT)\,\delta(t - nT)$$

$$= \sum_{n=-\infty}^{\infty} 2\cos(200\pi nT)\,\delta(t - nT).$$

$x(n) = 2\cos(200\pi nT)$ ，n 为 $-\infty < n < \infty$ 的整数.

（3）$\hat{X}_a(\text{j}\Omega) = \dfrac{1}{T} \displaystyle\sum_{k=-\infty}^{\infty} X_a(\text{j}\Omega - \text{j}k\Omega_s)$

$$= \frac{2\pi}{T} \sum_{k=-\infty}^{\infty} [\delta(\Omega - \Omega_0 - k\Omega_s) - \delta(\Omega + \Omega_0 - k\Omega_s)]$$

$$= 800\pi \sum_{k=-\infty}^{\infty} [\delta(\Omega - \Omega_0 - k\Omega_s) - \delta(\Omega + \Omega_0 - k\Omega_s)].$$

序列 $x(n)$ 的傅里叶变换为

$$X(\text{e}^{\text{j}\omega}) = \sum_{n=-\infty}^{\infty} x(n)\text{e}^{-\text{j}\omega n} = \sum_{n=-\infty}^{\infty} 2\cos(\Omega_0 nT)\text{e}^{-\text{j}\omega n}.$$

令 $\omega_0 = \Omega_0 T = \dfrac{\Omega_0}{f_s} = 0.5\pi\,(\text{rad})$ ，则有

$$X(\mathrm{e}^{\mathrm{j}\omega}) = \sum_{n=-\infty}^{\infty} [\mathrm{e}^{\mathrm{j}\omega_0 n} + \mathrm{e}^{-\mathrm{j}\omega_0 n}]\mathrm{e}^{-\mathrm{j}\omega n}.$$

引入奇异函数 δ，上式变为

$$X(\mathrm{e}^{\mathrm{j}\omega}) = 2\pi \sum_{k=-\infty}^{\infty} [\delta(\omega - \omega_0 - 2k\pi) - \delta(\omega + \omega_0 - 2k\pi)]$$

$$= 2\pi \sum_{k=-\infty}^{\infty} [\delta(\omega - 0.5\pi - 2k\pi) - \delta(\omega + 0.5\pi - 2k\pi)].$$

10. 应用 Z 变换的定义，计算下列序列的 Z 变换及其收敛域.

（1）$x(n) = \{1,2,3,5,0,1\}$；　　　　（2）$x(n) = \{1,2,\underline{3},5,0,1\}$；

（3）$x(n) = \delta(n)$；　　　　　　　　（4）$x(n) = \delta(n-2)$.

解：Z 变换的定义式为 $X(z) = \sum\limits_{n=-\infty}^{\infty} x(n)z^{-n}$.

（1）$X(z) = \sum\limits_{n=-\infty}^{\infty} x(n)z^{-n} = 1 + 2z^{-1} + 3z^{-2} + 5z^{-3} + 2z^{-1} + z^{-5}$.

由于 $x(n)$ 是因果序列，所以收敛域即收敛域是 $0 < |z| \leqslant \infty$.

另解：根据收敛域定义，级数绝对可和，即 $\left| \sum\limits_{n=-\infty}^{\infty} x(n)z^{-n} \right| < \infty$，即使得

$$\left| 1 + 2z^{-1} + 3z^{-2} + 5z^{-3} + 2z^{-1} + z^{-5} \right| < \infty$$

成立，可得 $0 < |z| \leqslant \infty$.

（2）类似于（1）题的求解过程，可得

$$X(z) = \sum_{n=-\infty}^{\infty} x(n)z^{-n} = z^2 + 2z + 3 + 5z^{-1} + z^{-3}, \quad 0 < |z| < \infty.$$

（3）$X(z) = \sum\limits_{n=-\infty}^{\infty} x(n)z^{-n} = \sum\limits_{n=-\infty}^{\infty} \delta(n)z^{-n} = 1$，$z$ 平面.

（4）$X(z) = \sum\limits_{n=-\infty}^{\infty} x(n)z^{-n} = \sum\limits_{n=-\infty}^{\infty} \delta(n-2)z^{-n} = z^{-2}$，$0 < |z| \leqslant \infty$.

 提示：

因果序列定义：

若序列 $x(n)$ 当 $n \geqslant 0$ 时有值，则称该序列为因果序列.

11. 假如 $x(n)$ 的 Z 变换 $X(z)$ 的表示式是

$$X(z)=\frac{1-\frac{1}{4}z^{-2}}{\left(1+\frac{1}{4}z^{-2}\right)\left(1+\frac{5}{4}z^{-1}+\frac{3}{8}z^{-2}\right)},$$

问 $X(z)$ 可能有多少不同的收敛域，并计算不同收敛域下的 $x(n)$.

解：利用 Z 变换的收敛域以极点为边界，求可能的收敛域. 为此，对 $X(z)$ 化简并因式分解得

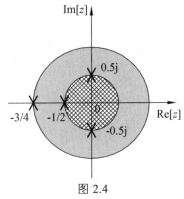

图 2.4

$$X(z)=\frac{z^2\left(z-\frac{1}{2}\right)\left(z+\frac{1}{2}\right)}{\left(z^2+\frac{1}{4}\right)\left(z+\frac{1}{2}\right)\left(z+\frac{3}{4}\right)}.$$

令 $X(z)$ 的分母多项式等于零，即

$$\left(z^2+\frac{1}{4}\right)\left(z+\frac{1}{2}\right)\left(z+\frac{3}{4}\right)=0.$$

解此方程得 $X(z)$ 的极点为 $-\frac{1}{2}\mathrm{j},\frac{1}{2}\mathrm{j},-\frac{3}{4}$. 由极点限定的 z 平面

分布如图 2.4 所示. 所以 $X(z)$ 可能的收敛域有三种情况，分别为：

（1） $|z|<\frac{1}{2}$，对应 $x(n)$ 为左边序列；

（2） $\frac{1}{2}<|z|<\frac{3}{4}$，对应 $x(n)$ 为双边序列.

（3） $|z|>\frac{3}{4}$，对应 $x(n)$ 为右边序列.

下面计算上述三种情况收敛域下的 $x(n)$.

令

$$F(z)=X(z)z^{n-1}=\frac{z\left(z-\frac{1}{2}\right)z^n}{\left(z+\frac{1}{2}\mathrm{j}\right)\left(z-\frac{1}{2}\mathrm{j}\right)\left(z+\frac{3}{4}\right)},$$

解 $F(z)$ 的极点可知：当 $n\geq0$ 时，$F(z)$ 的极点分别是 $-\frac{1}{2}\mathrm{j},\frac{1}{2}\mathrm{j},-\frac{3}{4}$；而当 $n<0$ 时，$F(z)$ 的极

点分别是 $-\frac{1}{2}\mathrm{j},\frac{1}{2}\mathrm{j},-\frac{3}{4},0$，其中 0 是 n 阶重极点.

第一种情况：

$|z|<\frac{1}{2}$ 时，当 $n\geq0$ 时，c 内 $F(z)$ 无极点，所以 $x(n)=0$；而当 $n<0$ 时，$F(z)$ 的分母多项

式比分子多项式至少高 2 阶以上，所以用留数辅助定理可知，c 外 $F(z)$ 的极点有 3 个，分别是 $-\dfrac{1}{2}\mathrm{j},\dfrac{1}{2}\mathrm{j},-\dfrac{3}{4}$，故

$$
\begin{aligned}
x(n) &= -\left\{\operatorname{Res}\left[F(z),-\frac{1}{2}\mathrm{j}\right]+\operatorname{Res}\left[F(z),\frac{1}{2}\mathrm{j}\right]+\operatorname{Res}\left[F(z),-\frac{3}{4}\right]\right\} \\
&= -\left[F(z)\left(z+\frac{1}{2}\mathrm{j}\right)\Big|_{z=-\frac{1}{2}\mathrm{j}}+F(z)\left(z-\frac{1}{2}\mathrm{j}\right)\Big|_{z=\frac{1}{2}\mathrm{j}}+F(z)\left(z+\frac{3}{4}\right)\Big|_{z=-\frac{3}{4}}\right] \\
&= -\left[\frac{z\left(z-\frac{1}{2}\right)z^{n}}{\left(z-\frac{1}{2}\mathrm{j}\right)\left(z+\frac{3}{4}\right)}\Big|_{z=-\frac{1}{2}\mathrm{j}}+\frac{z\left(z-\frac{1}{2}\right)z^{n}}{\left(z+\frac{1}{2}\mathrm{j}\right)\left(z-\frac{3}{4}\right)}\Big|_{z=\frac{1}{2}\mathrm{j}}+\frac{z\left(z-\frac{1}{2}\right)z^{n}}{\left(z+\frac{1}{2}\mathrm{j}\right)\left(z-\frac{1}{2}\mathrm{j}\right)}\Big|_{z=-\frac{3}{4}}\right] \\
&= -\left[\frac{-\frac{1}{2}\mathrm{j}\left(-\frac{1}{2}\mathrm{j}-\frac{1}{2}\right)}{\left(-\frac{1}{2}\mathrm{j}-\frac{1}{2}\mathrm{j}\right)\left(-\frac{1}{2}\mathrm{j}+\frac{3}{4}\right)}\left(-\frac{1}{2}\mathrm{j}\right)^{n}+\frac{\frac{1}{2}\mathrm{j}\left(\frac{1}{2}\mathrm{j}-\frac{1}{2}\right)}{\left(\frac{1}{2}\mathrm{j}+\frac{1}{2}\mathrm{j}\right)\left(\frac{1}{2}\mathrm{j}-\frac{3}{4}\right)}\left(\frac{1}{2}\mathrm{j}\right)^{n}+\frac{-\frac{3}{4}\left(-\frac{3}{4}-\frac{1}{2}\right)}{\left(-\frac{3}{4}+\frac{1}{2}\mathrm{j}\right)\left(-\frac{3}{4}-\frac{1}{2}\mathrm{j}\right)}\left(-\frac{3}{4}\right)^{n}\right] \\
&= -\left[-\frac{1+\mathrm{j}}{3-2\mathrm{j}}\left(-\frac{1}{2}\mathrm{j}\right)^{n}+\frac{1-\mathrm{j}}{3-2\mathrm{j}}\left(\frac{1}{2}\mathrm{j}\right)^{n}+\frac{15}{(3-2\mathrm{j})(3+2\mathrm{j})}\left(-\frac{3}{4}\right)^{n}\right] \\
&= -\left[-\frac{1+5\mathrm{j}}{13}\left(-\frac{1}{2}\mathrm{j}\right)^{n}+\frac{5-\mathrm{j}}{13}\left(\frac{1}{2}\mathrm{j}\right)^{n}+\frac{15}{13}\left(-\frac{3}{4}\right)^{n}\right].
\end{aligned}
$$

综合 $n<0$ 和 $n\geqslant 0$ 下的 $x(n)$，所以

$$
x(n)=\left[\frac{1+5\mathrm{j}}{13}\left(-\frac{1}{2}\mathrm{j}\right)^{n}-\frac{5-\mathrm{j}}{13}\left(\frac{1}{2}\mathrm{j}\right)^{n}-\frac{15}{13}\left(-\frac{3}{4}\right)^{n}\right]u(n-1).
$$

第二种情况：

$\dfrac{1}{2}<|z|<\dfrac{3}{4}$ 时，当 $n\geqslant 0$ 时，c 内 $F(z)$ 的极点为 $-\dfrac{1}{2}\mathrm{j},\dfrac{1}{2}\mathrm{j}$，所以

$$
\begin{aligned}
x(n)&=\operatorname{Res}\left[F(z),-\frac{1}{2}\mathrm{j}\right]+\operatorname{Res}\left[F(z),\frac{1}{2}\mathrm{j}\right] \\
&=-\frac{1+5\mathrm{j}}{13}\left(-\frac{1}{2}\mathrm{j}\right)^{n}+\frac{5-\mathrm{j}}{13}\left(\frac{1}{2}\mathrm{j}\right)^{n}.
\end{aligned}
$$

当 $n<0$ 时，c 外 $F(z)$ 的极点为 $-\dfrac{3}{4}$，此时

$$
x(n)=-\operatorname{Res}\left[F(z),-\frac{3}{4}\right]=-\frac{15}{13}\left(-\frac{3}{4}\right)^{n}.
$$

综上，所以

$$x(n) = \left[-\frac{1+5j}{13}\left(-\frac{1}{2}j\right)^n + \frac{5-j}{13}\left(\frac{1}{2}j\right)^n \right] u(n) - \left[\frac{15}{13}\left(-\frac{3}{4}\right)^n \right] u(-n-1).$$

第三种情况：

$|z| > \frac{3}{4}$ 时，当 $n \geq 0$ 时，c 内 $F(z)$ 的极点为 $-\frac{1}{2}j, \frac{1}{2}j, -\frac{3}{4}$，所以

$$x(n) = \mathrm{Res}\left[F(z), -\frac{1}{2}j\right] + \mathrm{Res}\left[F(z), \frac{1}{2}j\right] + \mathrm{Res}\left[F(z), -\frac{3}{4}\right]$$

$$= -\frac{1+5j}{13}\left(-\frac{1}{2}j\right)^n + \frac{5-j}{13}\left(\frac{1}{2}j\right)^n + \frac{15}{13}\left(-\frac{3}{4}\right)^n.$$

当 $n < 0$ 时，c 外 $F(z)$ 无极点，则 $x(n) = 0$．

综上，所以

$$x(n) = \left[-\frac{1+5j}{13}\left(-\frac{1}{2}j\right)^n + \frac{5-j}{13}\left(\frac{1}{2}j\right)^n + \frac{15}{13}\left(-\frac{3}{4}\right)^n \right] u(n).$$

12. 求下列序列的 Z 变换，并求出零极点和收敛域．

（1）$x(n) = a^{|n|}$，$|a| < 1$；　　　　　　（2）$x(n) = \left(\frac{1}{3}\right)^n u(n)$；

（3）$x(n) = -\left(\frac{1}{2}\right)^n u(-n-1)$；　　　　（4）$x(n) = \frac{1}{n}$，$n \geq 1$；

（5）$x(n) = n\sin(\omega_0 n)$，$n \geq 0$．

解：（1）由 Z 变换的定义可知

$$X(z) = \sum_{n=-\infty}^{\infty} x(n)z^{-n} = \sum_{n=-\infty}^{\infty} a^{|n|}z^{-n}.$$

由 Z 变换的收敛域定义有

$$|X(z)| = \left| \sum_{n=-\infty}^{\infty} \left| a^{|n|} \right| z^{-n} \right| < \infty，$$

所以，收敛域为：$|az| < 1$，且 $\left|\frac{a}{z}\right| < 1$，即 $|a| < |z| < \frac{1}{|a|}$；

极点为 $z = a$，$z = \frac{1}{a}$；零点为 $z = 0$，$z = \infty$．

（2）由 Z 变换的定义可知

$$X(z) = \sum_{n=-\infty}^{\infty} x(n)z^{-n} = \sum_{n=-\infty}^{\infty} \left(\frac{1}{3}\right)^n u(n)z^{-n} = \sum_{n=0}^{\infty} \left(\frac{1}{3}\right)^n z^{-n} = \frac{1}{1-\frac{1}{3}z^{-1}}.$$

由 Z 变换的收敛域定义有

$$\left| X(z) \right| = \left| \frac{1}{1 - \frac{1}{3}z^{-1}} \right| < \infty \; .$$

为使上式成立，必有 $\left| \frac{1}{3} \cdot \frac{1}{z} \right| < 1$，即收敛域为 $|z| > \frac{1}{3}$；

或者，为使 $\left| \sum_{n=0}^{\infty} \left(\frac{1}{3} \right)^n z^{-n} \right| < \infty$，必有 $\left| \frac{1}{3} \cdot \frac{1}{z} \right| < 1$，即收敛域为 $|z| > \frac{1}{3}$；

再或者，由题意知 $x(n)$ 是因果序列，故收敛域为 $|z| > \frac{1}{3}$.

令 $X(z)$ 的分母为零，解得极点是 $z = \frac{1}{3}$；令 $X(z)$ 的分子为零，解得零点是 $z = 0$.

（3）解法同上，得

$$X(z) = \sum_{n=-\infty}^{\infty} -\left(\frac{1}{2} \right)^n u(-n-1)z^{-n} = \sum_{n=-\infty}^{-1} -\left(\frac{1}{2} \right)^n z^{-n} .$$

换元，令 $n = -n$，代入上式得

$$X(z) = \sum_{n=1}^{\infty} -2^n z^n .$$

按 Z 变换存在，即 $\left| \sum_{n=1}^{\infty} -2^n z^n \right| < \infty$，所以，

一方面，解得收敛域：$|2z| < 1$，即 $|z| < \frac{1}{2}$；

另一方面，此时，$X(z)$ 是递减等比级数，故可得

$$X(z) = -\frac{2z}{1-2z} = \frac{1}{1 - \frac{1}{2}z^{-1}} .$$

也可由 $x(n)$ 是左序列知收敛域为 $|z| < \frac{1}{2}$；

又因为 $\lim_{z \to 0} |X(z)| < \infty$，所以 $z = 0$ 也是收敛域，即收敛域也可写为 $0 \leqslant |z| < \frac{1}{2}$.

$X(z)$ 的极点是 $z = \frac{1}{2}$；$X(z)$ 的零点是 $z = 0$.

（4）$X(z) = \sum_{n=1}^{\infty} \frac{1}{n} \cdot z^{-n}$.

因为

$$\frac{\mathrm{d}X(z)}{\mathrm{d}z} = \sum_{n=1}^{\infty} \frac{1}{n}(-n)z^{-n-1} = \sum_{n=1}^{\infty}(-z^{-n-1}) = \frac{1}{z - z^2} , |z| > 1 ,$$

所以

$$X(z) = \ln z - \ln(1-z) = \ln \frac{z}{1-z} .$$

因为 $X(z)$ 的收敛域和 $\frac{\mathrm{d}X(z)}{\mathrm{d}z}$ 的收敛域相同，故 $X(z)$ 的收敛域也为 $|z| > 1$.

极点为：$z = 0$，$z = 1$；零点为：$z = \dfrac{1}{2}$.

（5）$y(n) = \sin(\omega_0 n)u(n)$，则有

$$Y(z) = \sum_{n=-\infty}^{\infty} y(n) \cdot z^{-n} = \frac{z^{-1} \sin \omega_0}{1 - 2z^{-1} \cos \omega_0 + z^{-2}}, |z| > 1.$$

而 $x(n) = n \cdot y(n)$，所以

$$X(z) = -z \frac{\mathrm{d}}{\mathrm{d}z} \cdot Y(z) = \frac{z^{-1}(1 - z^{-2}) \sin \omega_0}{(1 - 2z^{-1} \cos \omega_0 + z^{-2})^2}, |z| > 1.$$

因此，收敛域为 $|z| > 1$；

极点为：$z_1 = \mathrm{e}^{j\omega_0}$，$z_2 = \mathrm{e}^{-j\omega_0}$（极点为 2 阶）；

零点为：$z_1 = 1$，$z_2 = -1$，$z_3 = 0$，$z_4 = \infty$.

13. 序列 $x(n) = \{\underline{1}, 1, 1\}$ 是周期为 6 的周期序列，试求其傅里叶级数的系数.

解： 因为离散傅里叶级数（DFS）的系数是 $a_k = \dfrac{1}{N} \tilde{X}(k)$，所以应先求 $\tilde{X}(k)$.

由 DFS 的定义知

$$\tilde{X}(k) = \sum_{n=0}^{N-1} \tilde{x}(n) \mathrm{e}^{-j\frac{2\pi}{N}kn} = \sum_{n=0}^{5} x(n) \mathrm{e}^{-j\frac{2\pi}{6}kn} = \sum_{n=0}^{5} x(n) \mathrm{e}^{-j\frac{\pi}{3}kn}, 0 \leqslant k \leqslant 5.$$

故

$$a_k = \frac{1}{N} \tilde{X}(k) = \frac{1}{6} \sum_{n=0}^{5} x(n) \mathrm{e}^{-j\frac{\pi}{3}kn}.$$

如果 $x(n)$ 的主值序列已知，就可求出具体的 a_k 了.

例如，$x(n)R_6(n) = \delta(n) + \delta(n-2) + \delta(n-3)$，则

$$a_k = \frac{1}{N} \tilde{X}(k) = \frac{1}{6} \sum_{n=0}^{5} x(n) \mathrm{e}^{-j\frac{\pi}{3}kn} = \frac{1}{6} \left(1 + \mathrm{e}^{-j\frac{\pi}{3}k} + \mathrm{e}^{-j\frac{2\pi}{3}k} \right)$$

$$= \frac{1}{6} \left(\frac{1 - \mathrm{e}^{-j\pi k}}{1 - \mathrm{e}^{-j\frac{\pi}{3}k}} \right) = \frac{\mathrm{e}^{-j\frac{\pi}{2}k}}{6\mathrm{e}^{-j\frac{\pi}{6}k}} \left(\frac{\mathrm{e}^{j\frac{\pi}{2}k} - \mathrm{e}^{-j\frac{\pi}{2}k}}{\mathrm{e}^{j\frac{\pi}{6}k} - \mathrm{e}^{-j\frac{\pi}{6}k}} \right)$$

$$= \frac{1}{6} \mathrm{e}^{-j\frac{\pi}{3}k} \frac{\sin \frac{\pi}{2} k}{\sin \frac{\pi}{6} k} = \begin{cases} \dfrac{1}{2}, & k = 6m, m \text{ 为整数时}, \\ 0, & k \text{ 为其他时}. \end{cases}$$

14. 分别用留数法、长除法和部分分式法求下列 $X(z)$ 的逆变换.

（1）$X(z) = \dfrac{1 - \dfrac{1}{2} z^{-1}}{1 - \dfrac{1}{4} z^{-2}}$，$|z| > \dfrac{1}{2}$；

（2）　$X(z) = \dfrac{1 - 2z^{-1}}{1 - \dfrac{1}{4}z^{-1}}$，$|z| < \dfrac{1}{4}$；

（3）　$X(z) = \dfrac{z - a}{1 - az}$，$|z| > \left|\dfrac{1}{a}\right|$．

解：（1）① 留数法.

设辅助函数 $F(z) = X(z)z^{n-1}$，则

$$F(z) = \frac{1}{1 + \dfrac{1}{2}z^{-1}}z^{n-1} = \frac{1}{z + \dfrac{1}{2}}z^{n}.$$

由留数定理知

$$x(n) = \frac{1}{2\pi j}\oint_c X(z)z^{n-1}\mathrm{d}z = \frac{1}{2\pi j}\oint_c F(z)\mathrm{d}z = \sum_k \mathrm{Res}[F(z), z_k],$$

其中，围线 c 为 $|z| > \dfrac{1}{2}$ 内的围绕原点逆时针方向的任意闭合曲线，z_k 为 $F(z)$ 围线 c 的任意一个极点.

当 $n \geqslant 0$ 时，$F(z)$ 有 $z = -\dfrac{1}{2}$ 一个单极点，它在围线 c 内，故

$$x(n) = \mathrm{Res}[F(z), z]\Big|_{z=-\frac{1}{2}} = \left(z + \frac{1}{2}\right)F(z)\Big|_{z=-\frac{1}{2}}$$

$$= \left(z + \frac{1}{2}\right)\frac{z^n}{\left(z + \dfrac{1}{2}\right)}\Big|_{z=-\frac{1}{2}} = \left(-\frac{1}{2}\right)^n;$$

当 $n < 0$ 时，$F(z)$ 有极点：$z = -\dfrac{1}{2}$（一个单极点）和 $z = 0$（n 阶），它们都在围线 c 内，这是因为 $F(z)$ 的分母次数高于分子次数 2 或 2 阶以上，所以可利用留数辅助定理来求 $x(n)$，即改求 c 外所有极点的留数和的负数，由于 c 外无极点，故 $x(n) = 0$.

或由于 $x(n)$ 是因果序列，故当 $n < 0$ 时，$x(n) = 0$.

综上所述有

$$x(n) = \left(-\frac{1}{2}\right)^n u(n).$$

② 长除法.

因为收敛域为 $|z| > \dfrac{1}{2}$，因而可确定 $x(n)$ 是右序列，所以 $X(z)$ 的分子、分母都要按降幂排列，即

$$X(z) = \frac{1 - \frac{1}{2}z^{-1}}{1 - \frac{1}{4}z^{-2}} = \frac{1}{1 + \frac{1}{2}z^{-1}} \quad .$$

作长除法：

$$1 - \frac{1}{2}z^{-1} + \frac{1}{4}z^{-2} - \cdots$$

$$1 + \frac{1}{2}z^{-1} \overline{)1}$$

$$\underline{1 + \frac{1}{2}z^{-1}}$$

$$-\frac{1}{2}z^{-1}$$

$$\underline{-\frac{1}{2}z^{-1} - \frac{1}{4}z^{-2}}$$

$$\frac{1}{4}z^{-2}$$

所以

$$X(z) = 1 - \frac{1}{2}z^{-1} + \frac{1}{4}z^{-2} - \cdots = \sum_{n=0}^{\infty}\left(-\frac{1}{2}\right)^{n}z^{-n} = \sum_{n=0}^{\infty}(-2)^{-n}z^{-n} \quad .$$

所以
$$x(n) = (-2)^{-n}u(n) \quad .$$

③ **部分分式法.**

将 $X(z)$ 部分分式分解，即

$$X(z) = \frac{1 - \frac{1}{2}z^{-1}}{1 - \frac{1}{4}z^{-2}} = \frac{1}{1 + \frac{1}{2}z^{-1}} \quad .$$

因为 $|z| > \frac{1}{2}$，由基本变换对 $a^{n}u(n) \Leftrightarrow \frac{1}{1 - az^{-1}}, |z| > a$ 知（即查表得）

$$x(n) = \left(-\frac{1}{2}\right)^{n}u(n).$$

（2）① **留数法.**

令

$$F(z) = X(z)z^{n-1} = \frac{(1 - 2z^{-1})z^{n-1}}{1 - \frac{1}{4}z^{-1}} = \frac{(z - 2)z^{n-1}}{z - \frac{1}{4}} = \frac{(z - 2)z^{n}}{z\left(z - \frac{1}{4}\right)},$$

求 $F(z)$ 的极点，有：

当 $n > 0$ 时，$z_1 = \frac{1}{4}$；

当 $n = 0$ 时，$z_1 = \dfrac{1}{4}$，$z_2 = 0$；

当 $n < 0$ 时，$z_1 = \dfrac{1}{4}$，$z_2 = 0$（n 阶极点）.

因此当 $n > 0$ 时，$F(z)$ 在围线 c 内无极点，故 $x(n) = 0$；

当 $n = 0$ 时，$F(z)$ 在围线 c 内有一个单极点 $z_2 = 0$，故

$$x(n) = \mathrm{Res}[F(z), z_2]_{z=z_2=0} = z\,\frac{(1 - 2z^{-1})z^{-1}}{1 - \dfrac{1}{4}z^{-1}}\bigg|_{z=0} = 8 .$$

当 $n < 0$ 时，$F(z)$ 在围线 c 内有极点 $z_2 = 0$（n 阶），因为此时，$F(z)$ 的分母次数高于分子次数 2 或 2 阶以上，所以改求 c 外所有极点的留数和的负数. 由于 $F(z)$ 在 c 外有一个单极点 $z_1 = \dfrac{1}{4}$，故

$$x(n) = -\mathrm{Res}[F(z), z_1]_{z=z_1=\frac{1}{4}} = -\left(z - \frac{1}{4}\right)\frac{(z-2)z^{n-1}}{z - \dfrac{1}{4}}\bigg|_{z=\frac{1}{4}} = 7 \times \left(\frac{1}{4}\right)^n .$$

综合上述各种情况，最后有

$$x(n) = 8\delta(n) + 7 \times \left(\frac{1}{4}\right)^n u(-n-1) .$$

② 长除法.

由于 $X(z)$ 的收敛域是 $|z| < \dfrac{1}{4}$，因而 $x(n)$ 是左边序列，所以 $X(z)$ 的分子、分母要按 z 的升幂排列，得

$$X(z) = \frac{z-2}{z - \dfrac{1}{4}} = \frac{2-z}{\dfrac{1}{4} - z}, \quad |z| < \frac{1}{4} .$$

作长除法：

$$
\begin{array}{r}
8 + 28z + 112z^2 + \cdots \\
\dfrac{1}{4} - z \overline{\big)\, 2 - z } \\
\underline{2 - 8z} \\
7z \\
\underline{7z - 28z^2} \\
28z^2 \\
\underline{28z^2 - 112z^3}
\end{array}
$$

所以

$$X(z) = 8 + 28z + 112z^2 + \cdots = 8 + \sum_{n=-\infty}^{\infty} 7 \cdot 4^n \cdot z^n = 8 + \sum_{n=-\infty}^{-1} 7 \cdot 4^{-n} \cdot z^{-n} .$$

故

$$x(n) = 8 \cdot \delta(n) + 7 \times \left(\frac{1}{4}\right)^n u(-n-1) .$$

③ **部分分式法.**

因为

$$\frac{X(z)}{z} = \frac{z-2}{z\left(z-\frac{1}{4}\right)} = \frac{8}{z} + \frac{-7}{z-\frac{1}{4}},$$

则

$$X(z) = 8 - \frac{7z}{z-\frac{1}{4}} = 8 - \frac{7}{1-\frac{1}{4}z^{-1}}.$$

因为 $|z| < \frac{1}{4}$，则 $x(n)$ 是左边序列，所以

$$x(n) = 8 \cdot \delta(n) + 7 \times \left(\frac{1}{4}\right)^n u(-n-1).$$

（3）① **留数法.**

因为 $x(n) = \frac{1}{2\pi j} \oint_c X(z)z^{n-1}\mathrm{d}z$，设 c 为 $|z| > \left|\frac{1}{a}\right|$ 内的逆时针方向闭合曲线.

当 $n > 0$ 时，$X(z)z^{n-1}$ 在 c 内有 $z = \frac{1}{a}$（一个单极点），则

$$x(n) = \mathrm{Res}\left[X(z)z^{n-1}\right]_{z=\frac{1}{a}} = \left[-\frac{1}{a}\frac{z-a}{z-\frac{1}{a}} \cdot z^{n-1}\right]_{z=\frac{1}{a}}$$

$$= \left(a - \frac{1}{a}\right) \cdot \left(\frac{1}{a}\right)^n, \ (n > 0);$$

当 $n = 0$ 时，$X(z)z^{n-1}$ 在 c 内有 $z = 0, z = \frac{1}{a}$ 两个单极点，则

$$x(0) = \mathrm{Res}\left[X(z)z^{n-1}\right]_{z=\frac{1}{a}} + \mathrm{Res}\left[X(z)z^{n-1}\right]_{z=0} = a - \frac{1}{a} - a = -\frac{1}{a};$$

当 $n < 0$ 时，由于 $x(n)$ 是因果序列，此时 $x(n) = 0$.

综上所述，最后得

$$x(n) = -\frac{1}{a} \cdot \delta(n) + \left(a - \frac{1}{a}\right)\left(\frac{1}{a}\right)^n \cdot u(n-1).$$

② **长除法.**

因为极点为 $z = \frac{1}{a}$，由 $|z| > \left|\frac{1}{a}\right|$ 可知，$x(n)$ 为因果序列，因而 $X(z)$ 的分子、分母要按 z 的降幂排列，得

$$x(z) = \frac{z-a}{1-az} = \frac{z-a}{-az+1}.$$

作长除法：

$$-\frac{1}{a}+\frac{1}{a}\left(a-\frac{1}{a}\right)z^{-1}+\frac{1}{a^2}\left(a-\frac{1}{a}\right)z^{-2}+\cdots$$

$$-az+1\overline{)z-a}$$

$$z-\frac{1}{a}$$

$$-\left(a-\frac{1}{a}\right)$$

$$-\left(a-\frac{1}{a}\right)+\frac{1}{a}\left(a-\frac{1}{a}\right)z^{-1}$$

$$-\frac{1}{a}\left(a-\frac{1}{a}\right)z^{-1}$$

$$-\frac{1}{a}\left(a-\frac{1}{a}\right)z^{-1}+\frac{1}{a^2}\left(a-\frac{1}{a}\right)z^{-2}$$

$$\cdots\cdots$$

则

$$X(z)=-\frac{1}{a}+\sum_{n=1}^{\infty}\left(a-\frac{1}{a}\right)\left(\frac{1}{a}\right)^n\cdot z^{-n}.$$

所以

$$x(n)=-\frac{1}{a}\cdot\delta(n)+\left(a-\frac{1}{a}\right)\cdot\left(\frac{1}{a}\right)^n\cdot u(n-1).$$

③ **部分分式法.**

因为

$$\frac{X(z)}{z}=\frac{z-a}{z(1-az)}=\frac{-a}{z}+\frac{1-a^2}{1-az},$$

则

$$X(z)=-a+\left(a-\frac{1}{a}\right)\cdot\frac{1}{1-\frac{1}{a}z^{-1}}.$$

所以

$$x(n)=(-a)\delta(n)+\left(a-\frac{1}{a}\right)\left(\frac{1}{a}\right)^n u(n)$$

$$=-\frac{1}{a}\delta(n)+\left(a-\frac{1}{a}\right)\left(\frac{1}{a}\right)^n u(n-1).$$

15. 已知 $X(z)=\dfrac{-3z^{-1}}{2-5z^{-1}+2z^{-2}}$，分别求：

（1）收敛域 $0.5<|z|<2$ 对应的原序列 $x(n)$；

（2）收敛域 $|z|>2$ 对应的原序列 $x(n)$.

解：（**方法 1：留数法**）. 因为

$$x(n) = \frac{1}{2\pi j}\oint_c X(z)z^{n-1}\mathrm{d}z = \frac{1}{2\pi j}\oint_c F(z)\mathrm{d}z = \sum_k \mathrm{Res}[F(z), z_k],$$

其中 $F(z)$ 是辅助函数，且 $F(z) = X(z)z^{n-1}$. 将 $X(z)$ 代入 $F(z)$ 并化简得

$$F(z) = \frac{-3z^{-1}}{2 - 5z^{-1} + 2z^{-2}}z^{n-1} = \frac{-3z^n}{2(z-0.5)(z-2)}.$$

因此，当 $n \geqslant 0$ 时，$F(z)$ 的极点为 2 和 0.5；当 $n < 0$ 时，$F(z)$ 的极点为 2, 0.5 和 0（n 阶）.

（1）收敛域 $0.5 < |z| < 2$.

围线 c 如图 2.5（a）所示.

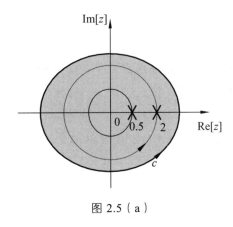

图 2.5（a）

当 $n \geqslant 0$ 时，围线 c 内有极点 0.5，所以

$$x(n) = \mathrm{Res}[F(z), 0.5] = (z-0.5)\frac{-3z^n}{2(z-0.5)(z-2)}\bigg|_{z=0.5} = 2^{-n};$$

当 $n < 0$ 时，围线 c 内有 0.5 和 0 两个极点，而 0 是一个 n 阶极点，且 $F(z)$ 满足分母阶次比分子阶次高 2 阶以上的条件，所以，改求 c 圆外所有极点的留数之和的负数. 由于 c 外有极点 2，因此

$$x(n) = -\mathrm{Res}[F(z), 2] = -(z-2)\frac{(-3z^n)}{2(z-0.5)(z-2)}\bigg|_{z=2} = 2^n.$$

综合上述两种情况，最后得

$$x(n) = 2^{-n}u(n) + 2^n u(-n-1).$$

（2）收敛域 $|z| > 2$.

围线 c 如图 2.5（b）所示.

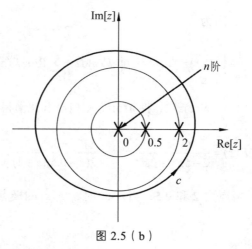

图 2.5（b）

当 $n \geqslant 0$ 时，c 内有极点 0.5, 2，所以

$$x(n) = \mathrm{Res}[F(z), 0.5] + \mathrm{Res}[F(z), 2] = 2^{-n} - 2^{n}.$$

当 $n < 0$ 时，c 内有极点 0.5, 2, 0，由于极点 0 是一个 n 阶极点，所以，改求 c 外极点的留数. 由于 c 外没有极点，因此 $x(n) = 0$.

综合上述情况，最后得

$$x(n) = (2^{-n} - 2^{n})u(n).$$

（方法 2：部分分式法）

$$\frac{X(z)}{z} = \frac{-3z^{-1}}{z(2 - 5z^{-1} + 2z^{-2})} = \frac{-3}{2z^2 - 5z + 2}$$

$$= \frac{-\dfrac{3}{2}}{z^2 - \dfrac{5}{2}z + 1} = \frac{-\dfrac{3}{2}}{(z - 2)\left(z - \dfrac{1}{2}\right)} = \frac{A_1}{z - 2} + \frac{A_2}{z - \dfrac{1}{2}},$$

式中，部分分式分解是按 $z^2 - \dfrac{5}{2}z + 1 = 0$ 的根 $z_1 = 2, z_2 = \dfrac{1}{2}$ 进行的，其中 A_1, A_2 是待定系数.

因为

$$A_1 = \mathrm{Res}\left[\frac{X(z)}{z}, z_1\right]\bigg|_{z_1 = 2} = \left[(z - 2)\frac{-\dfrac{3}{2}}{(z - 2)\left(z - \dfrac{1}{2}\right)}\right]\Bigg|_{z_1 = 2} = -1;$$

$$A_2 = \mathrm{Res}\left[\frac{X(z)}{z}, z_2\right]\bigg|_{z_2 = \frac{1}{2}} = \left[\left(z - \frac{1}{2}\right)\frac{-\dfrac{3}{2}}{(z - 2)\left(z - \dfrac{1}{2}\right)}\right]\Bigg|_{z_1 = \frac{1}{2}} = 1,$$

所以

$$\frac{X(z)}{z} = \frac{-1}{z-2} + \frac{1}{z-\dfrac{1}{2}}.$$

易得

$$X(z) = \frac{-z}{z-2} + \frac{z}{z-\dfrac{1}{2}}.$$

（1）因为收敛域：$0.5 < |z| < 2$.

对应 $X(z)$ 的 $\dfrac{1}{1-2z^{-1}}$ 部分，收敛域是 $|z| < 2$，应用的变换对是

$$-a^n u(-n-1) \Leftrightarrow \frac{1}{1-az^{-1}};$$

而 $\dfrac{1}{1-\dfrac{1}{2}z^{-1}}$ 部分，收敛域是 $0.5 < |z|$，应用的变换对是

$$a^n u(n) \Leftrightarrow \frac{1}{1-az^{-1}}.$$

所以原序列 $x(n)$ 为

$$x(n) = 2^{-n} u(n) + 2^n u(-n-1).$$

（2）同理，当收敛域 $|z| > 2$ 时，对应的原序列 $X(z)$ 的两部分对应的变换对都是

$$a^n u(n) \Leftrightarrow \frac{1}{1-az^{-1}},$$

故

$$x(n) = (2^{-n} - 2^n) u(n).$$

 提示：

部分分式法的步骤：

（1）变形；

（2）选择基本变换对；

（3）利用 Z 变换的性质.

16. 用 Z 变换求下列卷积.

（1）$y(n) = \{\underline{1}, 2, 0, 3\} * \{2, 0, \underline{3}\}$；

（2）$y(n) = 2^n u(n) * 3^n u(n)$.

解：（1）假设 $x_1(n) = \{\underline{1}, 2, 0, 3\}$，$x_2(n) = \{2, 0, \underline{3}\}$，按 Z 变换的定义求得

$$X_1(z) = \sum_{n=-\infty}^{\infty} x_1(n)z^{-1} = -1 + 2z^{-1} + 3z^{-3}, 0 < |z| \leqslant \infty;$$

$$X_2(z) = \sum_{n=-\infty}^{\infty} x_2(n)z^{-1} = 2z^2 + 3, 0 \leqslant |z| < \infty,$$

那么

$$Y(z) = X_1(z)X_2(z) = (-1 + 2z^{-1} + 3z^{-3})(2z^2 + 3)$$

$$= -2z^{-2} - 3 + 4z + 12z^{-1} + 9z^{-3}, 0 < |z| < \infty.$$

所以
$$y(n) = \{-2, 4, \underline{-3}, 12, 0, 9\},$$

或写作

$$y(n) = -2\delta(n+2) + 4\delta(n+1) - 3\delta(n) + 12\delta(n-1) + 9\delta(n-3).$$

（2）利用变换对 $a^n u(n) \Leftrightarrow \dfrac{1}{1 - az^{-1}}, |z| > a$ 得

$$\frac{1}{1 - 2z^{-1}} \Leftrightarrow 2^n u(n), |z| > 2;$$

$$\frac{1}{1 - 3z^{-1}} \Leftrightarrow 3^n u(n), |z| > 3.$$

所以

$$Y(z) = \frac{1}{1 - 2z^{-1}} \times \frac{1}{1 - 3z^{-1}} = \frac{z^2}{(z-2)(z-3)}, |z| > 3.$$

首先采用部分分式法求解：

$$\frac{Y(z)}{z} = \frac{z}{(z-2)(z-3)} = \frac{3}{z-3} - \frac{2}{z-2}.$$

则
$$Y(z) = \frac{3}{1 - 3z^{-1}} - \frac{2}{1 - 2z^{-1}}.$$

利用基本变换对或查表得逆 Z 变换：

$$y(n) = 3 \cdot 3^n u(n) - 2 \cdot 2^n u(n) = (3^{n+1} - 2^{n+1})u(n).$$

也可用留数法求逆 Z 变换. 如下：

令辅助函数 $F(z) = X(z)z^{n-1}$，将 $X(z)$ 代入 $F(z)$ 并化简得

$$F(z) = \frac{z^2}{(z-2)(z-3)} z^{n-1} = \frac{z \cdot z^n}{(z-2)(z-3)}.$$

围线 c 如图 2.6 所示.

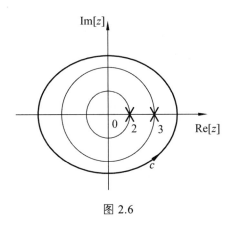

图 2.6

$F(z)$ 的极点为：

当 $n \geqslant 0$ 时，$z_1 = 2, z_2 = 3$，

当 $n < 0$ 时，$z_1 = 2, z_2 = 3$，$z_3 = 0$（n 阶），.

因此，当 $n \geqslant 0$ 时，

$$y(n) = \operatorname{Res}[F(z), z_1] + \operatorname{Res}[F(z), z_2]$$

$$= (z - z_1)F(z)\big|_{z=z_1=2} + (z - z_2)F(z)\big|_{z=z_2=3}$$

$$= (z - 2)\frac{z \cdot z^n}{(z-2)(z-3)}\bigg|_{z=z_1=2} + (z-3)\frac{z \cdot z^n}{(z-2)(z-3)}\bigg|_{z=z_2=3}$$

$$= (-2^{n+1} + 3^{n+1})u(n).$$

当 $n < 0$ 时，$F(z)$ 在 c 内有 $z_1 = 2, z_2 = 3$，$z_3 = 0$（n 阶）极点，由于分母次数高于分子次数 2 阶以上，所以改求 c 外所有极点的留数和的负数，再由于 c 外无极点，故 $y(n) = 0$.

综上所述，得

$$y(n) = (-2^{n+1} + 3^{n+1})u(n).$$

17. 利用序列 $x(n)$ 的 Z 变换求其频谱 $X(\mathrm{e}^{\mathrm{j}\omega})$.

（1）$\delta(n - n_0)$；　　　　　　　（2）$\mathrm{e}^{-an}u(n)$；

（3）$\mathrm{e}^{-(a+\mathrm{j}\omega_0)n}u(n)$；　　　　　（4）$\mathrm{e}^{-an}u(n)\cos(\omega_0 n)$.

分析：可以先求序列 $x(n)$ 的 Z 变换 $X(z)$，再利用 $X(\mathrm{e}^{\mathrm{j}\omega}) = X(z)\big|_{z=\mathrm{e}^{\mathrm{j}\omega}}$ 求频谱 $X(\mathrm{e}^{\mathrm{j}\omega})$，即用单位圆上的 Z 变换求序列的傅里叶变换 $X(\mathrm{e}^{\mathrm{j}\omega})$.

解：（1）因为

$$X(z) = ZT[x(n)] = ZT[\delta(n - n_0)] = z^{-n_0},$$

所以

$$X(\mathrm{e}^{\mathrm{j}\omega}) = X(z)\big|_{z=\mathrm{e}^{\mathrm{j}\omega}} = \mathrm{e}^{-\mathrm{j}\omega n_0}.$$

（2）因为

$$ZT[u(n)] = \frac{1}{1-z^{-1}}, \quad |z| > 1,$$

所以由 Z 变换的基本性质得

$$X(z) = \frac{1}{1-e^{-a}e^{-j\omega}}, \quad |z| > e^{-a}.$$

所以

$$X(e^{j\omega}) = X(z)\big|_{z=e^{j\omega}} = \frac{1}{1-e^{-a}e^{-j\omega}}.$$

（3）因为

$$X(z) = ZT[e^{-(aj\omega_0)n}u(n)] = \frac{1}{1-e^{-(aj\omega_0)}z^{-1}},$$

所以

$$X(e^{j\omega}) = X(z)\big|_{z=e^{j\omega}} = \frac{1}{1-e^{-a} \cdot e^{-j(\omega+\omega_0)}}.$$

（4）因为

$$X(z) = ZT[e^{-an}u(n)\cos(\omega_0 n)] = ZT\left[e^{-an}\frac{e^{j\omega_0 n}+e^{-j\omega_0 n}}{2}u(n)\right]$$

$$= ZT\left[\frac{1}{2}e^{-(a-j\omega_0)n}u(n) + \frac{1}{2}e^{-(a+j\omega_0)n}u(n)\right],$$

利用（3）题的结果，得

$$X(z) = \frac{1-z^{-1}e^{-a}\cos\omega_0}{1-2z^{-1}e^{-a}\cos\omega_0 + z^{-2}e^{-2a}}.$$

所以

$$X(e^{j\omega}) = X(z)\big|_{z=e^{j\omega}} = \frac{1-e^{-j\omega}e^{-a}\cos\omega_0}{1-2e^{-j\omega}e^{-a}\cos\omega_0 + e^{-2j\omega}e^{-2a}}.$$

18. 已知一个线性时不变因果系统的差分方程为

$$y(n) = y(n-1) + y(n-2) + x(n-1),$$

（1）求这个系统的系统函数，画出其零极点图，并指出其收敛区域；

（2）求此系统的单位冲激响应；

（3）此系统是一个不稳定系统，请找一个满足上述差分方程的稳定的（非因果）系统的单位抽样响应.

分析：因为 $x(n) \leftrightarrow X(z)$，$h(n) \leftrightarrow H(z)$，$y(n) \leftrightarrow Y(z)$，则

$$H(z) = \frac{Y(z)}{X(z)} = ZT[h(n)].$$

要求收敛域必须知道零点、极点. 收敛域若为 Z 平面某个圆以外，则为因果系统（不一定稳定）；

收敛域若包括单位圆，则为稳定系统（不一定因果）.

解：（1）在差分方程两边取 Z 变换得

$$Y(z) = z^{-1}Y(z) + z^{-2}Y(z) + z^{-1}X(z).$$

化简得

$$Y(z)(1 - z^{-1} - z^{-2}) = z^{-1}X(z).$$

所以

$$H(z) = \frac{Y(z)}{X(z)} = \frac{z^{-1}}{1 - z^{-1} - z^{-2}} = \frac{z}{z^2 - z - 1}.$$

令 $z^2 - z - 1 = 0$，所以 $z_{1,2} = \frac{1 \pm \sqrt{5}}{2}$.

因此，其零点为 $z = 0$；

极点为 $z_1 = \frac{1 + \sqrt{5}}{2} = 1.62$，$z_2 = \frac{1 - \sqrt{5}}{2} = -0.62$.

因为系统是因果系统，所以 $|z| > 1.62$ 是其收敛区域.

系统的零极点图如图 2.7 所示.

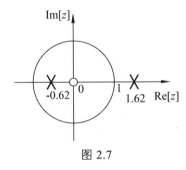

图 2.7

（2）求系统的单位冲激响应即求 $H(z)$ 的逆 Z 变换，下面分别利用部分分式法和留数法求解.

① **部分分式法**.

将 $H(z)$ 部分分式分解得

$$H(z) = \frac{z}{(z - z_1)(z - z_2)} = \frac{1}{z_1 - z_2}\left(\frac{z}{z - z_1} - \frac{z}{z - z_2}\right)$$

$$= \frac{1}{z_1 - z_2}\left(\frac{1}{1 - z_1 z^{-1}} - \frac{1}{1 - z_2 z^{-1}}\right) = \frac{1}{z_1 - z_2}\left(\sum_{n=0}^{\infty} z_1^n z^{-n} - \sum_{n=0}^{\infty} z_2^n z^{-n}\right).$$

所以

$$h(n) = \frac{1}{z_1 - z_2}(z_1^n - z_2^n)\, u(n) = 0.45[1.62^n - (-0.62)^n]\, u(n).$$

② **留数法**.

因为

$$h(n) = IZT[H(z)] = \frac{1}{2\pi j} \oint_c H(z) z^{n-1} \mathrm{d}z$$

$$= \frac{1}{2\pi j} \oint_c F(z) \mathrm{d}z = \sum_k \mathrm{Res}[F(z), z_k],$$

其中 $F(z)$ 是辅助函数，且 $F(z) = H(z) z^{n-1}$. 将 $X(z)$ 代入 $F(z)$ 并化简得

$$F(z) = \frac{z}{(z-1.62)(z+0.62)} z^{n-1} = \frac{z^n}{(z-1.62)(z+0.62)}.$$

因此，当 $n \geq 0$ 时，$F(z)$ 的极点为 $z_1 = 1.62$，$z_2 = -0.62$；

当 $n < 0$ 时，$F(z)$ 的极点为 $z_1 = 1.62$，$z_2 = -0.62$ 和 0（n 阶极点）.

因此，当 $n \geq 0$ 时，因为收敛域是 $|z| > 1.62$，所以 $F(z)$ 的两个极点 $z_1 = 1.62$，$z_2 = -0.62$ 都在 c 内，故

$$h(n) = IZT[H(z)] = \sum_{k=1}^{2} \mathrm{Res}[F(z), z_k]$$

$$= \mathrm{Res}[F(z), z_1] + \mathrm{Res}[F(z), z_2]$$

$$= (z - z_1) F(z) \big|_{z = z_1 = 1.62} + (z - z_2) F(z) \big|_{z = z_2 = -0.62}$$

$$= (z - 1.62) \frac{z^n}{(z-1.62)(z+0.62)} \bigg|_{z=1.62} + (z + 0.62) \frac{z^n}{(z-1.62)(z+0.62)} \bigg|_{z=-0.62}$$

$$= 0.447 \times [1.62^n - (-0.62)^n] u(n);$$

当 $n < 0$ 时，因为 $h(n)$ 是因果序列，因此 $h(n) = 0$.

综合上述两种情况，最后得

$$h(n) = 0.447 \times [1.62^n - (-0.62)^n] u(n)$$

$$= \frac{\sqrt{5}}{5} \times \left[\left(\frac{1+\sqrt{5}}{2} \right)^n - \left(\frac{1-\sqrt{5}}{2} \right)^n \right] u(n).$$

由于 $H(z)$ 的收敛区域不包括单位圆，故此系统是不稳定系统.

（3）若要使系统稳定，其收敛区域应包括单位圆，因此 $H(z)$ 的收敛区域应选为 $0.62 < |z| < 1.62$.

① 部分分式法.

$$H(z) = \frac{z}{(z - z_1)(z - z_2)} = \frac{1}{z_1 - z_2} \left(\frac{z}{z - z_1} - \frac{z}{z - z_2} \right),$$

式中第一项对应一个非因果序列，而第二项对应一个因果序列，所以

$$H(z) = \frac{1}{z_1 - z_2}\left(-\sum_{n=-\infty}^{-1} z_1^n z^{-n} - \sum_{n=0}^{\infty} z_2^n z^{-n}\right).$$

根据定义式有

$$h(n) = \frac{1}{z_2 - z_1}\left(z_1^n u(-n-1) + z_2^n u(n)\right)$$

$$= -0.447 \times \left[1.62^n u(-n-1) + (-0.62)^n u(n)\right].$$

从结果可以看出，此系统是稳定的，但不是因果的.

②留数法.

在收敛区域 $0.62 < |z| < 1.62$ 情况下，分别考虑 $n \geq 0$ 和 $n < 0$ 时，c 内 $F(z)$ 的极点 z_2 和 c 内 $F(z)$ 的极点 z_1，有

$$h(n) = \text{Res}[F(z), z_2]u(n) - \text{Res}[F(z), z_1]u(-n-1)$$

$$= \text{Res}\left[F(z), \frac{1-\sqrt{5}}{2}\right]u(n) - \text{Res}\left[F(z), \frac{1+\sqrt{5}}{2}\right]u(-n-1)$$

$$= -\frac{\sqrt{5}}{5}\left(\frac{1-\sqrt{5}}{2}\right)^n u(n) - \frac{\sqrt{5}}{5}\left(\frac{1+\sqrt{5}}{2}\right)^n u(-n-1)$$

$$= -0.447 \times \left[(-0.62)^n u(n) + 1.62^n u(-n-1)\right].$$

19. 研究一个输入为 $x(n)$ 和输出为 $y(n)$ 的线性时不变系统，已知它满足

$$y(n-1) - \frac{10}{3}y(n) + y(n+1) = x(n),$$

并已知系统是稳定的，试求其单位采样响应.

解：在给定的差分方程两边作 Z 变换得

$$z^{-1}Y(z) - \frac{10}{3}Y(z) + zY(z) = X(z).$$

则
$$H(z) = \frac{Y(z)}{X(z)} = \frac{1}{z^{-1} - \frac{10}{3} + z} = \frac{z}{(z-3)\left(z - \frac{1}{3}\right)}.$$

显然，其极点为 $z_1 = 3$，$z_2 = \frac{1}{3}$. 为了使它是稳定的，收敛区域必须包括单位圆，故取收敛域为 $\frac{1}{3} < |z| < 3$. 利用题 18（3）的结果可求得

$$h(n) = -\frac{3}{8}\left[3^n u(-n-1) + \left(\frac{1}{3}\right)^n u(n)\right].$$

下面采用留数法验证 $h(n)$.

设辅助函数 $F(z) = X(z)z^{n-1}$，将 $X(z)$ 代入 $F(z)$ 并化简得

$$F(z) = \frac{z^n}{\left(z - \dfrac{1}{3}\right)(z-3)}.$$

因此，当 $n \geq 0$ 时，$F(z)$ 的极点为 $\dfrac{1}{3}$ 和 3；

当 $n < 0$ 时，$F(z)$ 的极点为 $\dfrac{1}{3}$，3 和 0，且 0 为 n 阶极点.

因此，当 $n \geq 0$ 时，收敛域是 $\dfrac{1}{3} < |z| < 3$，$F(z)$ 只有极点 $\dfrac{1}{3}$ 在围线 c 内，所以

$$h(n) = \frac{1}{2\pi j} \oint_c H(z) z^{n-1} dz = \frac{1}{2\pi j} \oint_c F(z) dz$$

$$= \text{Res}\left[F(z), \frac{1}{3}\right] = \left(z - \frac{1}{3}\right) \frac{z^n}{\left(z - \dfrac{1}{3}\right)(z-3)} \Bigg|_{z=\frac{1}{3}} = -\frac{3^{-n+1}}{8}.$$

当 $n < 0$ 时，围线 c 内有 $\dfrac{1}{3}$ 和 0 两个极点，而 0 是一个 n 阶极点，且 $F(z)$ 满足分母阶次比分子阶次高 2 阶以上的条件，所以，改求 c 圆外所有极点的留数之和的负数. 由于 c 外有极点 3，因此

$$h(n) = \frac{1}{2\pi j} \oint_c H(z) z^{n-1} dz = \frac{1}{2\pi j} \oint_c F(z) dz$$

$$= -\text{Res}[F(z), 3] = (z-3) \frac{z^n}{\left(z - \dfrac{1}{3}\right)(z-3)} \Bigg|_{z=3} = -\frac{3^{n+1}}{8}.$$

综合上述两种情况，最后得

$$h(n) = -\frac{3^{-n+1}}{8} u(n) - \frac{3^{n+1}}{8} u(-n-1).$$

即

$$h(n) = -\frac{3}{8}\left[\left(\frac{1}{3}\right)^n u(n) + 3^n u(-n-1)\right].$$

20. 设 $F(z)$ 是因果序列 $f(n)$ 的 Z 变换，求下列各情况下的 $f(0)$ 和 $f(\infty)$.

（1）$F(z) = \dfrac{2z-1}{z-1}$；

（2）$F(z) = \dfrac{(e^{-aT}-1)z}{[z^2 - (1+e^{-aT})z + e^{-aT}]}$，$(a, T$ 均为正数$)$.

解：利用 Z 变换的性质求解.

（1）由 Z 变换的初值定理得

$$f(0) = \lim_{z \to \infty} F(z) = \lim_{z \to \infty} \frac{2z-1}{z-1} = 2 \, .$$

因为 $F(z)$ 只在 $z=1$ 处有一阶极点，故可以用 Z 变换的终值定理求 $f(\infty)$，即

$$f(\infty) = \lim_{z \to 1}[(z-1)F(z)] = \lim_{z \to 1}\left[(z-1)\frac{2z-1}{z-1} \right] = 1 \, .$$

（2）同（1）题得

$$f(0) = \lim_{z \to \infty} F(z) = \lim_{z \to \infty} \frac{(e^{-aT}-1)z}{z^2 - (1+e^{-aT})z + e^{-aT}} = 0 \, .$$

因为

$$F(z) = \frac{(e^{-aT}-1)z}{[z^2 - (1+e^{-aT})z + e^{-aT}]} = \frac{(e^{-aT}-1)z}{(z-e^{-aT})(z-1)} \, ,$$

显然，$F(z)$ 有两个极点 $z=1$ 和 $z=e^{-aT}$。$z=1$ 在单位圆上，而 $|z| = |e^{-aT}| < 1$，$z = e^{-aT}$ 在单位圆内，满足应用终止定理的条件，所以有

$$f(\infty) = \lim_{z \to 1}[(z-1)F(z)] = \lim_{z \to 1}\left[(z-1)\frac{(e^{-aT}-1)z}{(z-e^{-aT})(z-1)} \right] = -1 \, .$$

21. 一个线性时不变系统的系统函数为

$$H(z) = \frac{1}{1 - \frac{1}{2}z^{-1}} + \frac{2}{1 - 3z^{-1}} \, ,$$

试指出它的收敛域，并确定满足下列条件的 $h(n)$：（1）系统是稳定的；（2）系统是因果的；（3）系统是非因果的.

解：先求 $H(z)$ 的极点，再根据系统稳定与因果 z 域的判定条件，从而确定满足题目要求的收敛域，进而利用逆 Z 变换求 $h(n)$.

对 $H(z)$ 化简得

$$H(z) = \frac{1}{1 - \frac{1}{2}z^{-1}} + \frac{2}{1 - 3z^{-1}} = \frac{z(3z-4)}{\left(z - \frac{1}{2}\right)(z-3)} \, .$$

令 $\left(z - \frac{1}{2}\right)(z-3) = 0$，求得 $H(z)$ 的极点为 $\frac{1}{2}$ 和 3；

令 $z(3z-4) = 0$，求得 $H(z)$ 的零点为 0 和 $\frac{3}{4}$.

画出 $H(z)$ 的零极点图，如图 2.8 所示.

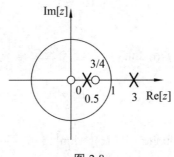

图 2.8

考虑收敛域以极点为边界及其系统稳定、因果的判定条件可知：

（1）若系统是稳定的，收敛域一定包括单位圆，故收敛域是 $\dfrac{1}{2}<|z|<3$；

（2）若系统是因果的，收敛域是圆外且包括无穷远，故收敛域是 $3<|z|\leqslant\infty$；

（3）若系统是非因果的，收敛域是除圆外的其他区域，故收敛域是 $|z|<\dfrac{1}{2}$ 和 $\dfrac{1}{2}<|z|<3$．

下面分别求三种情况下对应的 $h(n)$．

由于题目给出的已经是部分分式的形式，因此利用以下基本变换对即可得到 $h(n)$．

基本变换对：

$$\frac{1}{1-az^{-1}}\Leftrightarrow\begin{cases}a^n u(n), & |z|>a,\\ -a^n u(-n-1), & |z|<a,\end{cases}$$

由 $H(z)=\dfrac{1}{1-\dfrac{1}{2}z^{-1}}+\dfrac{2}{1-3z^{-1}}$ 可得：

（1）当收敛域是 $\dfrac{1}{2}<|z|<3$ 时，$h(n)=\left(\dfrac{1}{2}\right)^n u(n)-2\cdot3^n u(-n-1)$；

（2）当收敛域是 $3<|z|\leqslant\infty$ 时，因为 $\dfrac{1}{2}<3<|z|\leqslant\infty$，所以 $h(n)=\left[\left(\dfrac{1}{2}\right)^n+2\cdot3^n\right]u(n)$；

（3）当收敛域是 $|z|<\dfrac{1}{2}$ 时，因为 $|z|<\dfrac{1}{2}<3$，所以 $h(n)=\left[-\left(\dfrac{1}{2}\right)^n-2\cdot3^n\right]u(-n-1)$；

当收敛域是 $\dfrac{1}{2}<|z|<3$ 时，同（1）题．

22．求下列因果系统的系统函数和差分方程，并讨论其稳定性．

（1）$h(n)=u(n)-\left(\dfrac{1}{3}\right)^n u(n)$；

（2）$h(n)=\dfrac{1}{2}\delta(n)$．

解：因为系统是因果系统，所以 $h(n)$ 是因果序列．$h(n)$ 的 Z 变换 $H(z)$ 称为系统函数．

（1）$H(z) = ZT[h(n)] = ZT[u(n)] - ZT\left[\left(\dfrac{1}{3}\right)^n u(n)\right]$

$$= \underbrace{\dfrac{1}{1-z^{-1}}}_{\substack{\downarrow \\ |z|>1}} - \underbrace{\dfrac{1}{1-\dfrac{1}{3}z^{-1}}}_{\substack{\downarrow \\ |z|>\frac{1}{3}}} = \dfrac{\left(1-\dfrac{1}{3}z^{-1}\right)-(1-z^{-1})}{(1-z^{-1})\left(1-\dfrac{1}{3}z^{-1}\right)} = \dfrac{\dfrac{2}{3}z^{-1}}{1-\dfrac{4}{3}z^{-1}+\dfrac{1}{3}z^{-2}}.$$

$H(z)$ 的收敛域是 $|z|>1$ 和 $z|>\dfrac{1}{3}$ 的交集（公共部分），就是 $|z|>1$，考虑系统是因果系统，所以收敛域为 $1<|z|\leqslant\infty$.

又因为 $H(z) = \dfrac{Y(z)}{X(z)}$，所以

$$\dfrac{Y(z)}{X(z)} = \dfrac{\dfrac{2}{3}z^{-1}}{1-\dfrac{4}{3}z^{-1}+\dfrac{1}{3}z^{-2}},$$

即

$$\left(1-\dfrac{4}{3}z^{-1}+\dfrac{1}{3}z^{-2}\right)Y(z) = \dfrac{2}{3}z^{-1}X(z).$$

对上式去括号得

$$Y(z) - \dfrac{4}{3}z^{-1}Y(z) + \dfrac{1}{3}z^{-2}Y(z) = \dfrac{2}{3}z^{-1}X(z).$$

应用 Z 变换的移位性质，得差分方程：

$$y(n) - \dfrac{4}{3}y(n-1) + \dfrac{1}{3}y(n-2) = \dfrac{2}{3}x(n-1).$$

因为该系统的收敛域是 $1<|z|\leqslant\infty$，不包括单位圆，所以系统不稳定.

（2）$H(z) = ZT[h(n)] = ZT\left[\dfrac{1}{2}\delta(n)\right] = \dfrac{1}{2}.$

该系统的收敛域是 $|z|>0$.

因为

$$H(z) = \dfrac{Y(z)}{X(z)} = \dfrac{1}{2}, \quad 即\ 2Y(z) = X(z),$$

求 Z 反变换，有

$$y(n) = \dfrac{1}{2}x(n).$$

23. 求下列因果系统的系统函数和单位采样响应，并讨论其稳定性.

（1）$y(n)+4y(n-1)+4y(n-2)=2x(n)+3x(n-1)$；

（2）$y(n)=x(n)+x(n-1)+x(n-2)$.

解：采用 Z 变换求解系统的零初始状态解（即稳态解），就可求出 $H(z)$，再求逆 Z 变换得到单位采样响应 $h(n)$，最后利用收敛域分析系统的稳定性.

（1）在所给的差分方程两边求 Z 变换得

$$Y(z)+4z^{-1}Y(z)+4z^{-2}Y(z)=2X(z)+3z^{-1}X(z).$$

整理得 $$(1+4z^{-1}+4z^{-2})Y(z)=(2+3z^{-1})X(z).$$

故 $$H(z)=\frac{Y(z)}{X(z)}=\frac{2+3z^{-1}}{1+4z^{-1}+4z^{-2}}=\frac{z(2z+3)}{(z+2)^2}.$$

令 $(z+2)^2=0$，得极点 -2（2 阶）. 因为系统是因果系统，所以收敛域为 $2<|z|\le\infty$.

下面分别用留数法和部分分式法求 $h(n)$.

① **留数法.**

设辅助函数 $F(z)=H(z)z^{n-1}$，将 $X(z)$ 代入 $F(z)$ 并化简得

$$F(z)=\frac{z(2z+3)}{(z+2)^2}z^{n-1}=\frac{2z+3}{(z+2)^2}z^n.$$

因此，当 $n\ge0$ 时，$F(z)$ 的极点为 -2（2 阶）；

当 $n<0$ 时，$F(z)$ 的极点为 -2（2 阶）和 0（n 阶）.

因此，当 $n\ge0$ 时，收敛域是 $2<|z|\le\infty$，围线 c 是收敛域内任意一条逆时针绕原点的曲线，故极点 -2（2 阶）在围线 c 内，所以

$$h(n)=\frac{1}{2\pi\mathrm{j}}\oint_c H(z)z^{n-1}\mathrm{d}z=\frac{1}{2\pi\mathrm{j}}\oint_c F(z)\mathrm{d}z$$

$$=\mathrm{Res}[F(z),-2]=\frac{1}{(2-1)!}\frac{\mathrm{d}^{2-1}}{\mathrm{d}z^{2-1}}\left[(z+2)^2\frac{2z+3}{(z+2)^2}z^n\right]\Bigg|_{z=-2}$$

$$=\frac{\mathrm{d}}{\mathrm{d}z}[(2z+3)z^n]\big|_{z=-2}=[2z^n+n(2z+3)z^{n-1}3)z^{n-1}]\big|_{z=-2}$$

$$=2\cdot(-2)^n-n\cdot(-2)^{n-1}=(-1)^n\cdot(4+n)\cdot2^{n-1}.$$

当 $n<0$ 时，因为 $h(n)$ 是因果序列，因此 $h(n)=0$；或此时改求 c 外，因为 c 外无极点，所以 $h(n)=0$.

综合上述两种情况，最后得

$$h(n) = [(-1)^n \cdot (4+n) \cdot 2^{n-1}]u(n).$$

② 部分积分法.

将 $\dfrac{H(z)}{z}$ 进行部分分式分解，有

$$\frac{H(z)}{z} = \frac{z(2z+3)}{(z+2)^2} = \frac{A_1}{(z+2)^2} + \frac{A_2}{z+2}.$$

其中

$$A_1 = \mathrm{Res}\left[\frac{H(z)}{z}, -2\right] = \left[(z+2)^2 \frac{2z+3}{(z+2)^2}\right]\Bigg|_{z=-2} = -1;$$

$$A_2 = \frac{\mathrm{d}}{\mathrm{d}z}\left[(z+2)^2 \frac{z(2z+3)}{(z+2)^2}\right]\Bigg|_{z=-2} = \frac{\mathrm{d}}{\mathrm{d}z}[2z+3]\big|_{z=-2} = 2.$$

故

$$\frac{H(z)}{z} = \frac{-1}{(z+2)^2} + \frac{2}{z+2}.$$

将上式两边同乘以 z 并变形得

$$H(z) = \frac{-z}{(z+2)^2} + \frac{2z}{z+2} = \frac{-z^{-1}}{(1+2z^{-1})^2} + \frac{2}{1+2z^{-1}}, \ 2 < |z| \leqslant \infty.$$

查表得

$$h(n) = IZT[H(z)] = \left[\frac{1}{2} \cdot n \cdot (-2)^n + 2 \cdot (-2)^n\right]u(n)$$

$$= [(-1)^n \cdot (n+4) \cdot 2^{n-1}]u(n).$$

因为系统的收敛域为 $2 < |z| \leqslant \infty$，显然收敛域不包括单位圆，所以该系统不稳定.

（2）在差分方程 $y(n) = x(n) + x(n-1) + x(n-2)$ 两边求 Z 变换得

$$Y(z) = X(z) + z^{-1}X(z) + z^{-2}X(z).$$

将上式整理得

$$Y(z) = (1 + z^{-1} + z^{-2})X(z).$$

则

$$\frac{Y(z)}{X(z)} = 1 + z^{-1} + z^{-2}.$$

上式与 Z 变换对照易得

$$h(n) = \{1, 1, 1\}.$$

由于系统是因果系统，所以序列 $h(n)$ 是因果序列，因此收敛域是 $0 < |z| \leqslant \infty$，它包括单位圆，该系统稳定.

第3章 离散傅里叶变换分析

3.1 学习指导

本章知识点与知识结构：

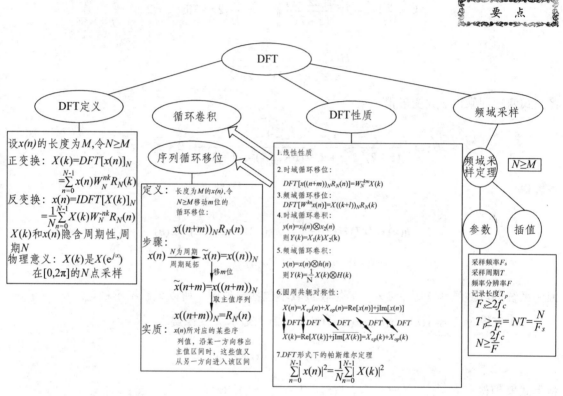

难点：循环卷积.

定义： 设 $x_1(n)$ 和 $x_2(n)$ 分别是长度分别为 N_1 和 N_2 的有限长序列，取 $N \geqslant \max[N_1, N_2]$，则 $x_1(n)$ 和 $x_2(n)$ 的 N 点循环卷积定义为

$$y(n) = x_1(n) \otimes x_2(n) = \sum_{m=0}^{N-1} x_1(m) x_2 \big((n-m)\big)_N R_N(n).$$

运算步骤如下：

第一步，换元. 将 $x_1(n)$ 和 $x_2(n)$ 换元得到 $x_1(m)$ 和 $x_2(m)$；

第二步，周期延拓. 将 $x_2(m)$ 以 N 为周期进行周期延拓，形成 $x_2\big((m)\big)_N$；

第三步，反褶. 再将 $x_2((m))_N$ 反褶形成 $x_2((-m))_N$；

第四步，循环移位取主值. 将 $x_2((-m))_N$ 循环移位 m 位得 $x_2((n-m))_N$，取主值序列则得到 $x_2((n-m))_N R_N(m)$；

第五步，相乘相加. 分别将 $x_1(m)$ 与 $x_2((n-m))_N R_N(m)$ 对应相乘，并对 m 在 $0 \sim (N-1)$ 区间上求和，便得到 $x_1(n)$ 与 $x_2(n)$ 的循环卷积 $y(n)$.

对所有的 $n = 0, 1, 2, \cdots, N-1$，依据上法求出对应的 $y(n)$，即得出全部的 $y(n)$.

3.2　思考题与典型题

1. 在离散傅里叶变换中引起混叠效应的原因是什么？怎样才能减小这种效应？

答：在离散傅里叶变换中引起混叠效应的原因是采样时没有满足采样定理. 减小这种效应的方法是采样时应满足采样定理，且采样前进行滤波，即滤去高于折叠频率 $\dfrac{f_s}{2}$ 的频率成分.

2. 离散傅里叶变换与 Z 变换之间的关系是什么？

答：离散傅里叶变换是 Z 变换在单位圆上的等间隔采样.

3. 循环移位与循环卷积的计算.

已知 $x(n) = n+1$，$0 \leqslant n \leqslant 3$，$h(n) = (-1)^n$，$0 \leqslant n \leqslant 3$，用循环卷积法求 $x(n)$ 和 $h(n)$ 的线性卷积 $y(n)$.

解：（方法 1：解析法）

由已知，当 $0 \leqslant n \leqslant 3$ 时，$x(n) = n+1$，$h(n) = (-1)^n$，所以把它们写成集合形式为

$$x(n) = \{1, 2, 3, 4\}, \quad h(n) = \{1, -1, 1, -1\}.$$

故知 $x(n)$ 的长度为 $N = 4$，$h(n)$ 的长度为 $M = 4$. 所以线性卷积 $y(n) = x(n) * h(n)$ 的长度为 $L = N + m - 1 = 7$，故可用 7 点循环卷积 $y(n) = x(n) \otimes h(n)$ 来代替，求它的值.

由 $y(n) = x(n) \otimes h(n) = \displaystyle\sum_{m=0}^{7-1} x(m) h((n-m))_7 R_7(m)$，考虑到

$$h((-m))_7 R_7(m) = \{1, 0, 0, 0, -1, 1, -1\};$$

$$h((1-m))_7 R_7(m) = \{-1, 1, 0, 0, 0, -1, 1\};$$

$$h((2-m))_7 R_7(m) = \{1, -1, 1, 0, 0, 0, -1\};$$

$$h((3-m))_7 R_7(m) = \{-1, 1, -1, 1, 0, 0, 0\};$$

$$h((4-m))_7 R_7(m) = \{0, -1, 1, -1, 1, 0, 0\};$$

$$h\big((5-m)\big)_7 R_7(m) = \{0,0,-1,1,-1,1,0\};$$

$$h\big((6-m)\big)_7 R_7(m) = \{0,0,0,-1,1,-1,1\}.$$

所以

$$y(0) = \sum_{m=0}^{6} x(m)h\big((-m)\big)_7 R_7(m) = 1 \times 1 = 1;$$

$$y(1) = \sum_{m=0}^{6} x(m)h\big((1-m)\big)_7 R_7(m) = 1 \times (-1) + 2 \times 1 = 1;$$

$$y(2) = \sum_{m=0}^{6} x(m)h\big((2-m)\big)_7 R_7(m) = 1 \times 1 + 2 \times (-1) + 3 \times 1 = 2;$$

$$y(3) = \sum_{m=0}^{6} x(m)h\big((3-m)\big)_7 R_7(m) = 1 \times (-1) + 2 \times 1 + 3 \times (-1) + 4 \times 1 = 2;$$

$$y(4) = \sum_{m=0}^{6} x(m)h\big((4-m)\big)_7 R_7(m) = 2 \times (-1) + 3 \times 1 + 4 \times (-1) = -3;$$

$$y(5) = \sum_{m=0}^{6} x(m)h\big((5-m)\big)_7 R_7(m) = 3 \times (-1) + 4 \times 1 = 1;$$

$$y(6) = \sum_{m=0}^{6} x(m)h\big((6-m)\big)_7 R_7(m) = 4 \times (-1) = -4.$$

写成集合的形式为

$$y(n) = x(n) \otimes h(n) = \{1,1,2,2,-3,1,-4\}, 0 \leqslant n \leqslant 6.$$

（方法 2：列表法）

采用列表法计算 $x(n)$ 和 $h(n)$ 的 7 点循环卷积，如表 3.1 所示.

表 3.1　计算 $x(n)$ 和 $h(n)$ 的循环卷积表

n/m	...	-1	0	1	2	3	4	5	6	7	...	$y(n)$
$x(m)$			1	2	3	4	0	0	0			
$h(m)$			1	-1	1	-1	0	0	0			
$h((m))$	...	-1	1	0	0	0	-1	1	-1	1	...	
$h((-m))R_7(m)$			1	0	0	0	-1	1	-1			$y(0)=1$
$h((1-m))R_7(m)$			-1	1	0	0	0	-1	1			$y(1)=1$
$h((2-m))R_7(m)$			1	-1	1	0	0	0	-1			$y(2)=2$
$h((3-m))R_7(m)$			-1	1	-1	1	0	0	0			$y(3)=2$
$h((4-m))R_7(m)$			0	-1	1	-1	1	0	0			$y(4)=-3$
$h((5-m))R_7(m)$			0	0	-1	1	-1	1	0			$y(5)=1$
$h((6-m))R_7(m)$			0	0	0	-1	1	-1	1			$y(6)=-4$

表中 $y(0),y(1),y(2),y(3),y(4),y(5),y(6)$ 的计算同方法 1.

4. 利用 DFT 的共轭对称性，通过计算一个 $N = 4$ 点 DFT，求出 $x_1(n) = \{\underline{1}, 2, 2, 1\}$ 和 $x_2(n) = \{\underline{1}, 2, 3\}$ 两个序列的 4 点 DFT.

解： 利用圆周共轭对称性求解.

构造新序列 $x(n) = x_1(n) + jx_2(n)$，则

$$x(n) = \{1 + j, 2 + 2j, 2 + 3j, 1\}.$$

再由 DFT 定义得

$$X(k) = DFT[x(n)] = \sum_{n=0}^{N-1} x(n) W_N^{nk} = \sum_{n=0}^{3} x(n) e^{-j\frac{\pi}{2}nk}$$

$$= x(0) + x(1) e^{-j\frac{\pi}{2}k} + x(2) e^{-j\pi k} + x(3) e^{-j\frac{3\pi}{2}k}, k = 0, 1, 2, 3.$$

将 $x(n)$ 的各点值代入，有：

当 $k = 0$ 时，$X(0) = x(0) + x(1) + x(2) + x(3) = 1 + j + 2 + 2j + 2 + 3j + 1 = 6 + 6j$；

当 $k = 1$ 时，$X(1) = x(0) + x(1) e^{-j\frac{\pi}{2}} + x(2) e^{-j\pi} + x(3) e^{-j\frac{3\pi}{2}}$

$$= 1 + j + (2 + 2j)(-j) + (2 + 3j)(-1) + j$$

$$= 1 - 3j;$$

当 $k = 2$ 时，$X(1) = x(0) + x(1) e^{-j\pi} + x(2) e^{-j2\pi} + x(3) e^{-j3\pi}$

$$= 1 + j + (2 + 2j)(-1) + (2 + 3j) + 1 \times (-1)$$

$$= 2j;$$

当 $k = 3$ 时，$X(3) = x(0) + x(1) e^{-j\frac{3\pi}{2}} + x(2) e^{-j3\pi} + x(3) e^{-j\frac{9\pi}{2}}$

$$= 1 + j + (2 + 2j)(j) + (2 + 3j)(-1) - j$$

$$= -3 - j.$$

所以，$X(k) = \{6 + 6j, 1 - 3j, 2j, -3 - j\}$.

由 DFT 的共轭对称性知

$$X_1(k) = DFT[x_1(n)] = X_{ep}(k) = \frac{1}{2}[X(k) + X^*(N-k)]；$$

$$X_2(k) = \frac{1}{j} X_{op}(k) = \frac{1}{2j}[X(k) - X^*(N-k)]；$$

因此可得

$$X_1(0) = \frac{1}{2}[X(0) + X^*(4)] = \frac{1}{2}[X(0) + X^*(0)] = \frac{1}{2}(6 + 6j + 6 - 6j) = 6；$$

$$X_1(1) = \frac{1}{2}[X(1) + X^*(3)] = \frac{1}{2}(1 - 3j - 3 + j) = -1 - j；$$

$$X_1(2) = \frac{1}{2}[X(2) + X^*(2)] = \frac{1}{2}(2j - 2j) = 0 \ ;$$

$$X_1(3) = \frac{1}{2}[X(3) + X^*(1)] = \frac{1}{2}(-3 - j + 3j + 1) = -1 + j.$$

同理得

$$X_2(0) = \frac{1}{2j}[X(0) - X^*(4)] = \frac{1}{2j}(6 + 6j - 6 + 6j) = 6 \ ;$$

$$X_2(1) = \frac{1}{2j}[X(1) - X^*(3)] = \frac{1}{2j}(1 - 3j + 3 - j) = -2 - 2j \ ;$$

$$X_2(2) = \frac{1}{2j}[X(2) - X^*(2)] = \frac{1}{2j}(2j + 2j) = 2 \ ;$$

$$X_2(3) = \frac{1}{2j}[X(3) - X^*(1)] = \frac{1}{2j}(-3 - j - 3j - 1) = -2 + 2j.$$

所以

$$X_1(k) = \{6, -1 - j, 0, -1 + j\} \ , \quad X_2(k) = \{6, 2 - 2j, 2, -2 + 2j\}.$$

5. 已知序列 $x(n) = \{\underline{1}, 2, 2, 1\}$，请以其 4 点 DFT 来验证 DFT 形式下的帕斯维尔定理.

解：DFT 的定义式为

$$X(k) = DFT[x(n)] = \sum_{n=0}^{N-1} x(n) W_N^{nk} \ ,$$

故

$$X(k) = DFT[x(n)] = \sum_{n=0}^{N-1} x(n) W_N^{nk} = \sum_{n=0}^{3} x(n) e^{-j\frac{\pi}{2}nk}$$

$$= 1 + 2e^{-j\frac{\pi}{2}k} + 2e^{-j\pi k} + e^{-j\frac{3\pi}{2}k} \ , \quad k = 0, 1, 2, 3.$$

所以，当 $k = 0$ 时，$X(0) = 1 + 2 + 2 + 1 = 6$;

当 $k = 1$ 时，$X(1) = 1 + 2e^{-j\frac{\pi}{2}} + 2e^{-j\pi} + e^{-j\frac{3\pi}{2}} = 1 + 2 \times (-j) + 2 \times (-1) + j = -1 - j$;

当 $k = 2$ 时，$X(2) = 1 + 2e^{-j\pi} + 2e^{-j2\pi} + e^{-j3\pi} = 1 + 2 \times (-1) + 2 + (-1) = 0$;

当 $k = 3$ 时，$X(3) = 1 + 2e^{-j\frac{3\pi}{2}} + 2e^{-j3\pi} + e^{-j\frac{9\pi}{2}} = 1 + 2j + 2 \times (-1) + (-j) = -1 + j$,

故

$$X(k) = \{6, -1 - j, 0, -1 + j\}.$$

又离散帕斯维尔定理为

$$\sum_{n=0}^{N-1} |x(n)|^2 = \frac{1}{N} \sum_{k=0}^{N-1} |X(k)|^2 \ ,$$

验证得

$$左边 = \sum_{n=0}^{N-1} |x(n)|^2 = 1^2 + 2^2 + 2^2 + 1^2 = 10 \ ;$$

$$右边 = \frac{1}{N} \sum_{k=0}^{N-1} |X(k)|^2 = \frac{1}{4}(36 + 1 + 1 + 1 + 1) = 10 \ ,$$

可见，左边=右边，即离散帕斯维尔定理成立.

也可采用如下方法验证：

$$左边 = \sum_{n=0}^{N-1} |x(n)|^2 = \sum_{n=0}^{N-1} x(n)x^*(n) = 10 \ ;$$

$$右边 = \frac{1}{N} \sum_{k=0}^{N-1} |X(k)|^2 = \frac{1}{4} \sum_{k=0}^{4-1} X(k)X^*(k) = 10 \ .$$

6. 已知序列 $x(n) = 4\delta(n) + 3\delta(n-1) + 2\delta(n-2) + \delta(n-3)$ 和它的 6 点离散傅里叶变换 $X(k)$.

（1）若有限长序列 $y(n)$ 的 6 点离散傅里叶变换为 $Y(k) = W_6^{4k} X(k)$，求 $y(n)$.

（2）若有限长序列 $u(n)$ 的 6 点离散傅里叶变换为 $X(k)$ 的实部，即 $U(k) = \text{Re}[X(k)]$，求 $u(n)$.

（3）若有限长序列 $v(n)$ 的 3 点离散傅里叶变换 $V(k) = X(2k)$ $(k = 0,1,2)$，求 $v(n)$.

解：（1）由 $Y(k) = W_6^{4k} X(k)$ 知，$y(n)$ 是 $x(n)$ 向右循环移位 4 的结果，即

$$y(n) = x((n-4))_6 R_6(n)$$
$$= 4\delta(n-4) + 3\delta(n-5) + 2\delta(n) + \delta(n-1).$$

（2）$X(k) = \sum_{n=0}^{5} [4\delta(n) + 3\delta(n-1) + 2\delta(n-2) + \delta(n-3)] W_6^{nk}$

$$= 4 + 3W_6^k + 2W_6^{2k} + W_6^{3k} \ ;$$

$$X^*(k) = 4 + 3W_6^{-k} + 2W_6^{-2k} + W_6^{-3k}.$$

则

$$\text{Re}[X(k)] = \frac{1}{2}[X(k) + X^*(k)]$$

$$= \frac{1}{2}[4 + 3W_6^k + 2W_6^{2k} + W_6^{3k} + 4 + 3W_6^{-k} + 2W_6^{-2k} + W_6^{-3k}]$$

$$= \frac{1}{2}[8 + 3W_6^k + 2W_6^{2k} + W_6^{3k} + 3W_6^{5k} + 2W_6^{4k} + W_6^{3k}]$$

$$= \frac{1}{2}[8 + 3W_6^k + 2W_6^{2k} + 2W_6^{3k} + 2W_6^{4k} + 3W_6^{5k}] \ .$$

由上式得

$$u(n) = 4\delta(n) + \frac{3}{2}\delta(n-1) + \delta(n-2) + \delta(n-3) + \delta(n-4) + \frac{3}{2}\delta(n-5).$$

（3） $X(2k) = \sum_{n=0}^{5} x(n) W_6^{2nk} = \sum_{n=0}^{5} x(n) W_3^{nk}$

$$= \sum_{n=0}^{2} x(n) W_3^{nk} + \sum_{n=3}^{5} x(n) W_3^{nk}$$

$$= \sum_{n=0}^{2} x(n) W_3^{nk} + \sum_{n=0}^{2} x(n+3) W_3^{k(n+3)}$$

$$= \sum_{n=0}^{2} x(n) W_3^{nk} + W_3^{3k} \sum_{n=0}^{2} x(n+3) W_3^{nk}$$

$$= \sum_{n=0}^{2} [x(n) + x(n+3)] W_3^{nk} , \quad k = 0,1,2 .$$

由于

$$V(k) = \sum_{n=0}^{2} v(n) W_3^{nk} = X(2k) = \sum_{n=0}^{2} [x(n) + x(n+3)] W_3^{nk} , \quad k = 0,1,2 ,$$

所以 $\qquad v(n) = x(n) + x(n+3), n = 0,1,2 ,$

即 $\qquad v(0) = x(0) + x(3) = 5 ; \quad v(1) = x(1) + x(4) = 3 ; \quad v(2) = x(2) + x(5) = 2 .$

或 $\qquad v(n) = 5\delta(n) + 3\delta(n-1) + 2\delta(n-2) .$

3.3 习题解答 ～

1. 用定义式求下列序列的 4 点 DFT.

（1） $x(n) = \{\underline{1}, 2, 3\}$ ； （2） $x(n) = \{\underline{1}, 2, 2, 1\}$.

解：DFT 的定义式为 $X(k) = DFT[x(n)] = \sum_{n=0}^{N-1} x(n) W_N^{nk} R_N(k) .$

（1） $X(k) = DFT[x(n)] = \sum_{n=0}^{N-1} x(n) W_N^{nk} = \sum_{n=0}^{3} x(n) e^{-j\frac{\pi}{2}nk}$

$$= x(0) + x(1) e^{-j\frac{\pi}{2}k} + x(2) e^{-j\pi k}$$

$$= 1 + 2 e^{-j\frac{\pi}{2}k} + 3 e^{-j\pi k}, \quad 0 \leqslant k \leqslant 3$$

$$= \begin{cases} 6 , & k = 0, \\ -2 - 2j, & k = 1, \\ 2 , & k = 2, \\ -2 + 2j, & k = 3. \end{cases}$$

或写作 $\qquad X(k) = \{6, -2-2j, 2, -2+2j\}$ ，

其中 $\qquad X(0) = 1 + 2 + 3 = 6 ;$

$$X(1) = 1 + 2 e^{-j\frac{\pi}{2}} + 3 e^{-j\pi} = 1 + 2 \times (-j) + 3 \times (-1) = -2 - 2j ;$$

$$X(2) = 1 + 2e^{-j\pi} + 3e^{-j2\pi} = 1 + 2 \times (-1) + 3 = 2 \; ;$$

$$X(3) = 1 + 2e^{-j\frac{3\pi}{2}} + 3e^{-j3\pi} = 1 + 2 \times j + 3 \times (-1) = -2 + 2j .$$

（2）同（1）题. 因为

$$X(k) = DFT[x(n)] = \sum_{n=0}^{N-1} x(n)W_N^{nk} = \sum_{n=0}^{3} x(n)e^{-j\frac{\pi}{2}nk}$$

$$= 1 + 2e^{-j\frac{\pi}{2}k} + 2e^{-j\pi k} + e^{-j\frac{3\pi}{2}k} ,$$

所以

$$X(0) = 1 + 2 + 2 + 1 = 6 \; ;$$

$$X(1) = 1 + 2e^{-j\frac{\pi}{2}} + 2e^{-j\pi} + e^{-j\frac{3\pi}{2}} = 1 + 2 \times (-j) + 2 \times (-1) + j = -1 - j \; ;$$

$$X(2) = 1 + 2e^{-j\pi} + 2e^{-j2\pi} + e^{-j3\pi} = 1 + 2 \times (-1) + 2 + (-1) = 0 \; ;$$

$$X(3) = 1 + 2e^{-j\frac{3\pi}{2}} + 2e^{-j3\pi} + e^{-j\frac{9\pi}{2}} = 1 + 2j + 2 \times (-1) + (-j) = -1 + j ,$$

故　　　　$$X(k) = \{6, -1 - j, 0, -1 + j\} .$$

 验证：

在 MATLAB 命令窗口，键入并得结果，如下：

>> xn=[1 2 3];
>> Xk=fft(xn, 4)
Xk =
    6.0000   −2.0000 −2.0000i   2.0000   −2.0000 + 2.0000i
>> xn=[1 2 2 1];
>> Xk=fft(xn, 4)
Xk =
    6.0000   −1.0000 −1.0000i   0   −1.0000 +1.0000i

2. 计算以下序列的 N 点 DFT.

（1）$x(n) = 1$;

（2）$x(n) = \delta(n)$;

（3）$x(n) = \delta(n - n_0), \; 0 < n_0 < N$;

（4）$x(n) = R_m(n), \; 0 < m < N$;

（5）$x(n) = e^{j\frac{2\pi}{N}mn}, \; 0 < m < N$;

（6）$x(n) = \cos\left(\dfrac{2\pi}{N}nm\right), \; 0 < m < N$;

（7）$x(n) = e^{j\omega_0 n}R_N(n)$;

（8）$x(n) = \sin(\omega_0 n)R_N(n)$;

（9）$x(n) = \cos(\omega_0 n)R_N(n)$;

（10）$x(n) = nR_N(n)$.

解：用 DFT 的定义式 $X(k) = DFT[x(n)] = \sum\limits_{n=0}^{N-1} x(n) W_N^{nk}$ 计算.

（1）$X(k) = DFT[x(n)] = \sum\limits_{n=0}^{N-1} x(n) W_N^{nk} = \sum\limits_{n=0}^{N-1} e^{-j\frac{2\pi}{N}nk}$

$$= \frac{1 - e^{-j2\pi k}}{1 - e^{-j\frac{2\pi}{N}k}} = \frac{e^{-j\pi k}(e^{j\pi k} - e^{-j\pi k})}{e^{-j\frac{\pi}{N}k}(e^{j\frac{\pi}{N}k} - e^{-j\frac{\pi}{N}k})}$$

$$= e^{-j\pi k\left(1 - \frac{1}{N}\right)} \frac{\sin \pi k}{\sin \frac{\pi}{N}k} = \begin{cases} N, & k = 0, \\ 0, & 1 \leqslant k \leqslant N-1. \end{cases}$$

（2）$X(k) = DFT[\delta(n)] = \sum\limits_{n=0}^{N-1} \delta(n) W_N^{nk} = e^{-j\frac{2\pi}{N}k \times 0} = 1, 0 \leqslant k \leqslant N-1.$

（3）$X(k) = DFT[\delta(n - n_0)] = \sum\limits_{n=0}^{N-1} \delta(n - n_0) W_N^{nk} = W_N^{n_0 k}, 0 \leqslant k \leqslant N-1$,

或写成　　$X(k) = DFT[\delta(n - n_0)] = W_N^{n_0 k} R_N(k).$

（4）$X(k) = DFT[R_m(n)] = \sum\limits_{n=0}^{N-1} R_m(n) W_N^{nk} = \sum\limits_{n=0}^{m-1} e^{-j\frac{2\pi}{N}nk}$, $0 \leqslant k \leqslant N-1.$

由（1）题的推导过程可知

$$X(k) = \sum\limits_{n=0}^{m-1} e^{-j\frac{2\pi}{N}nk} = e^{-j\pi k\left(1 - \frac{1}{m}\right)} \frac{\sin \frac{\pi}{N}mk}{\sin \frac{\pi}{N}k} R_N(k).$$

（5）$X(k) = DFT[e^{j\frac{2\pi}{N}mn}] = \sum\limits_{n=0}^{N-1} e^{j\frac{2\pi}{N}mn} W_N^{nk} = \sum\limits_{n=0}^{N-1} e^{j\frac{2\pi}{N}n(m-k)}$, $0 \leqslant k \leqslant N-1.$

类似于（1）题的推导过程（或将结果用 $k = m - k$ 替换）得

$$X(k) = e^{-j\pi(m-k)\left(1 - \frac{1}{N}\right)} \frac{\sin \pi(m-k)}{\sin \frac{\pi}{N}(m-k)} R_N(k) = \begin{cases} N, k = m \\ 0, k \neq m \end{cases}, 0 \leqslant k \leqslant N-1.$$

（6）由欧拉公式得

$$x(n) = \cos\left(\frac{2\pi}{N}nm\right) = \frac{1}{2}\left(e^{j\frac{2\pi}{N}nm} + e^{-j\frac{2\pi}{N}nm}\right), \quad 0 < m < N.$$

所以

$$X(k) = DFT\left[\cos\left(\frac{2\pi}{N}nm\right)\right] = \sum\limits_{n=0}^{N-1} \cos\left(\frac{2\pi}{N}nm\right) W_N^{nk}$$

$$= \sum\limits_{n=0}^{N-1} \frac{1}{2}(e^{j\frac{2\pi}{N}nm} + e^{-j\frac{2\pi}{N}nm}) e^{-j\frac{2\pi}{N}nk}$$

$$= \frac{1}{2}\left(\sum\limits_{n=0}^{N-1} e^{j\frac{2\pi}{N}n(m-k)} + \sum\limits_{n=0}^{N-1} e^{-j\frac{2\pi}{N}n(k+m)}\right), 0 \leqslant k \leqslant N-1.$$

利用（5）题的结果可得

$$\sum_{n=0}^{N-1} \mathrm{e}^{\mathrm{j}\frac{2\pi}{N}n(m-k)} = \mathrm{e}^{-\mathrm{j}\pi(m-k)\left(1-\frac{1}{N}\right)} \frac{\sin\pi(m-k)}{\sin\frac{\pi}{N}(m-k)} \ ;$$

利用（1）题的结果可得

$$\sum_{n=0}^{N-1} \mathrm{e}^{-\mathrm{j}\frac{2\pi}{N}n(k+m)} = \mathrm{e}^{-\mathrm{j}\pi(m+k)\left(1-\frac{1}{N}\right)} \frac{\sin\pi(m+k)}{\sin\frac{\pi}{N}(m+k)} \ .$$

所以

$$X(k) = \frac{1}{2}\mathrm{e}^{-\mathrm{j}\pi(m-k)\left(1-\frac{1}{N}\right)} \frac{\sin\pi(m-k)}{\sin\frac{\pi}{N}(m-k)} + \frac{1}{2}\mathrm{e}^{-\mathrm{j}\pi(m+k)\left(1-\frac{1}{N}\right)} \frac{\sin\pi(m+k)}{\sin\frac{\pi}{N}(m+k)}, \ 0 \leqslant k \leqslant N-1$$

$$= \begin{cases} \dfrac{N}{2}, \ k=m, \ N-m \\ 0, \ k \neq m, \ N-m \end{cases}, \ 0 \leqslant k \leqslant N-1.$$

（7）$X(k) = DFT[\mathrm{e}^{\mathrm{j}\omega_0 n}] = \displaystyle\sum_{n=0}^{N-1} \mathrm{e}^{\mathrm{j}\omega_0 n} W_N^{nk} = \sum_{n=0}^{N-1} \mathrm{e}^{\mathrm{j}\omega_0 n} \mathrm{e}^{-\mathrm{j}\frac{2\pi}{N}nk}$

$$= \sum_{n=0}^{N-1} \mathrm{e}^{\mathrm{j}n\left(\omega_0 - \frac{2\pi}{N}k\right)} = \frac{1-\mathrm{e}^{\mathrm{j}\left(\omega_0 - \frac{2\pi}{N}k\right)N}}{1-\mathrm{e}^{\mathrm{j}\left(\omega_0 - \frac{2\pi}{N}k\right)}}$$

$$= \frac{\mathrm{e}^{\mathrm{j}\frac{N}{2}\left(\omega_0 - \frac{2\pi}{N}k\right)} \left(\mathrm{e}^{-\mathrm{j}\frac{N}{2}\left(\omega_0 - \frac{2\pi}{N}k\right)} - \mathrm{e}^{\mathrm{j}\frac{N}{2}\left(\omega_0 - \frac{2\pi}{N}k\right)} \right)}{\mathrm{e}^{\mathrm{j}\frac{1}{2}\left(\omega_0 - \frac{2\pi}{N}k\right)} \left(\mathrm{e}^{-\mathrm{j}\frac{1}{2}\left(\omega_0 - \frac{2\pi}{N}k\right)} - \mathrm{e}^{\mathrm{j}\frac{1}{2}\left(\omega_0 - \frac{2\pi}{N}k\right)} \right)}$$

$$= \mathrm{e}^{\mathrm{j}\frac{1}{2}\left(\omega_0 - \frac{2\pi}{N}k\right)(N-1)} \frac{\sin\left[\dfrac{N}{2}\left(\omega_0 - \dfrac{2\pi}{N}k\right)\right]}{\sin\left[\dfrac{1}{2}\left(\omega_0 - \dfrac{2\pi}{N}k\right)\right]} R_N(n) \ .$$

（8）因为 $x(n) = \sin(\omega_0 n) R_N(n) = \dfrac{1}{2\mathrm{j}} (\mathrm{e}^{\mathrm{j}\omega_0 n} - \mathrm{e}^{-\mathrm{j}\omega_0 n}) R_N(n)$，所以

$$X(k) = DFT[\sin(\omega_0 n)] = \sum_{n=0}^{N-1} \sin(\omega_0 n) W_N^{nk}$$

$$= \sum_{n=0}^{N-1} \frac{1}{2\mathrm{j}} (\mathrm{e}^{\mathrm{j}\omega_0 n} - \mathrm{e}^{-\mathrm{j}\omega_0 n}) \mathrm{e}^{-\mathrm{j}\frac{2\pi}{N}nk}$$

$$= \sum_{n=0}^{N-1} \frac{1}{2\mathrm{j}} \mathrm{e}^{\mathrm{j}n\left(\omega_0 - \frac{2\pi}{N}k\right)} - \sum_{n=0}^{N-1} \frac{1}{2\mathrm{j}} \mathrm{e}^{-\mathrm{j}n\left(\omega_0 + \frac{2\pi}{N}k\right)}.$$

其中，利用（7）题的结果得

$$\sum_{n=0}^{N-1}\frac{1}{2\mathrm{j}}\mathrm{e}^{\mathrm{j}n\left(\omega_0-\frac{2\pi}{N}k\right)}=\frac{1}{2\mathrm{j}}\mathrm{e}^{\mathrm{j}\frac{1}{2}\left(\omega_0-\frac{2\pi}{N}k\right)(N-1)}\frac{\sin\left[\dfrac{N}{2}\left(\omega_0-\dfrac{2\pi}{N}k\right)\right]}{\sin\left[\dfrac{1}{2}\left(\omega_0-\dfrac{2\pi}{N}k\right)\right]}R_N(n)\ ;$$

$$\sum_{n=0}^{N-1}\frac{1}{2\mathrm{j}}\mathrm{e}^{-\mathrm{j}n\left(\omega_0+\frac{2\pi}{N}k\right)}=\frac{1}{2\mathrm{j}}\mathrm{e}^{-\mathrm{j}\frac{1}{2}\left(\omega_0+\frac{2\pi}{N}k\right)(N-1)}\frac{\sin\left[\dfrac{N}{2}\left(\omega_0+\dfrac{2\pi}{N}k\right)\right]}{\sin\left[\dfrac{1}{2}\left(\omega_0+\dfrac{2\pi}{N}k\right)\right]}R_N(n).$$

（9）因为 $x(n)=\cos(\omega_0 n)R_N(n)=\dfrac{1}{2}(\mathrm{e}^{\mathrm{j}\omega_0 n}+\mathrm{e}^{-\mathrm{j}\omega_0 n})R_N(n)$ ，考虑（8）题的结果，所以

$$X(k)=DFT[\cos(\omega_0 n)]=\sum_{n=0}^{N-1}\cos(\omega_0 n)W_N^{nk}=\sum_{n=0}^{N-1}\cos(\omega_0 n)\mathrm{e}^{-\mathrm{j}\frac{2\pi}{N}nk}$$

$$=\sum_{n=0}^{N-1}\frac{1}{2}(\mathrm{e}^{\mathrm{j}\omega_0 n}+\mathrm{e}^{-\mathrm{j}\omega_0 n})\mathrm{e}^{-\mathrm{j}\frac{2\pi}{N}nk}=\sum_{n=0}^{N-1}\frac{1}{2}\mathrm{e}^{\mathrm{j}n\left(\omega_0-\frac{2\pi}{N}k\right)}+\sum_{n=0}^{N-1}\frac{1}{2}\mathrm{e}^{-\mathrm{j}n\left(\omega_0+\frac{2\pi}{N}k\right)}$$

$$=\frac{1}{2}\left\{\mathrm{e}^{\mathrm{j}\frac{1}{2}\left(\omega_0-\frac{2\pi}{N}k\right)(N-1)}\frac{\sin\left[\dfrac{N}{2}\left(\omega_0-\dfrac{2\pi}{N}k\right)\right]}{\sin\left[\dfrac{1}{2}\left(\omega_0-\dfrac{2\pi}{N}k\right)\right]}+\mathrm{e}^{-\mathrm{j}\frac{1}{2}\left(\omega_0+\frac{2\pi}{N}k\right)(N-1)}\frac{\sin\left[\dfrac{N}{2}\left(\omega_0+\dfrac{2\pi}{N}k\right)\right]}{\sin\left[\dfrac{1}{2}\left(\omega_0+\dfrac{2\pi}{N}k\right)\right]}\right\}R_N(n)\ .$$

（10）由 $x(n)=nR_N(n)$ 得

$$X(k)=DFT[n]=\sum_{n=0}^{N-1}nW^{nk}\ ,\ 0\leqslant k\leqslant N-1\ .$$

所以当 $k=0$ 时，上式化为

$$X(k)=DFT[n]=\sum_{n=0}^{N-1}nW^{nk}=\sum_{n=0}^{N-1}n=0+1+2+\cdots+N-1=\frac{N(N-1)}{2}\ .$$

当 $k\neq 0$ 时，将 $X(k)$ 展开得

$$X(k)=0+W_N^k+2W_N^{2k}+3W_N^{3k}+\cdots+(N-2)W_N^{(N-2)k}+(N-1)W_N^{(N-1)k}\qquad\text{①}$$

用 W_N^k 乘以式①得

$$W_N^k X(k)=0+W_N^{2k}+2W_N^{3k}+3W_N^{4k}+\cdots+(N-2)W_N^{(N-1)k}+(N-1)W_N^{Nk}$$

$$=0+W_N^{2k}+2W_N^{3k}+3W_N^{4k}+\cdots+(N-2)W_N^{(N-1)k}+(N-1).\qquad\text{②}$$

式①减去式②得

$$X(k) - W_N^k X(k) = \sum_{n=1}^{N-1} W_N^{nk} - (N-1) = \sum_{n=0}^{N-1} W_N^{nk} - 1 - (N-1) = -N.$$

整理得

$$X(k) = \frac{-N}{1 - W_N^{nk}}.$$

综上所述有

$$X(k) = \begin{cases} \dfrac{N(N-1)}{2}, & k = 0, \\[3mm] \dfrac{-N}{1 - W_N^{nk}}, & 1 \leqslant k \leqslant N-1. \end{cases}$$

 提示：

等差数列前 n 项和公式：

$$S_n = \frac{(a_1 + a_n)n}{2} = na_1 + \frac{n(n-1)}{2}d，$$ 其中 a_1，a_n 分别是首项和末项，d 是公差.

3. 已知下列 $X(k)$，求 $x(n)$.

（1） $X(k) = \{\underline{6}, -1-\mathrm{j}, 0, -1+\mathrm{j}\}$；

（2） $X(k) = \begin{cases} \dfrac{N}{2}\mathrm{e}^{\mathrm{j}\theta}, & k = m, \\[3mm] \dfrac{N}{2}\mathrm{e}^{-\mathrm{j}\theta}, & k = N-m, \\[3mm] 0, & 其他, \end{cases}$

（3） $X(k) = \begin{cases} -\dfrac{N}{2}\mathrm{j}\mathrm{e}^{\mathrm{j}\theta}, & k = m, \\[3mm] \dfrac{N}{2}\mathrm{j}\mathrm{e}^{-\mathrm{j}\theta}, & k = N-m, \\[3mm] 0, & 其他, \end{cases}$

其中 m 为正整数，$0 < m < \dfrac{N}{2}$.

解：已知 $X(k)$ 求 $x(n)$，就是求离散傅里叶反变换，这里用 IDFT 的定义式

$$x(n) = IDFT[X(k)] = \frac{1}{N}\sum_{k=0}^{N-1} X(k)W_N^{-nk}$$

来求解.

（1）由题意知 $N = 4$，4 点离散傅里叶反变换为

$$x(n) = IDFT[X(k)] = \frac{1}{4}\sum_{k=0}^{N-1}X(k)W_N^{-nk}$$

$$= \frac{1}{4}[X(0) + X(1)e^{j\frac{\pi}{2}n} + X(2)e^{j\pi n} + X(3)e^{j\frac{3\pi}{2}n}]$$

$$= \frac{1}{4}[6 + (-1-j)e^{j\frac{\pi}{2}n} + (-1+j)e^{j\frac{3\pi}{2}n}], \ 0 \leqslant n \leqslant 3$$

$$= \begin{cases} 1, & n = 0, \\ 2, & n = 1, \\ 2, & n = 2, \\ 1, & n = 3, \end{cases}$$

或写作 $\qquad\qquad x(n) = \{1, 2, 2, 1\}$，

其中 $\qquad\qquad x(0) = \frac{1}{4}(6 - 1 - j - 1 + j) = 1$；

$$x(1) = \frac{1}{4}[6 + (-1-j) \times j + (-1+j) \times (-j)] = 2$$；

$$x(2) = \frac{1}{4}[6 + (-1-j) \times (-1) + (-1+j) \times (-1)] = 2$$；

$$x(3) = \frac{1}{4}[6 + (-1-j) \times (-j) + (-1+j) \times j] = 1$$．

✦ 提示：

编程求解

%IDFT.m

%Xk=的输入形式为[ ]

Xk=input('输入预求离散傅里叶反变换序列 Xk=');

N=length(Xk);　　%计算变换区间长度

 n=[0:1:N-1];

 k=n;

WN=exp(-j*2*pi/N);　　%计算旋转因子

nk=n'*k;

WNnk=WN.^(-nk);

xn=Xk* WNnk/N

输入预求离散傅里叶反变换序列 Xk=[6, -1-j, 0, -1+j]

xn =

　　1.0000 2.0000-0.0000i 2.0000-0.0000i 1.0000+0.0000i

4. 长度 $N=10$ 的两个有限长序列

$$x_1(n) = \begin{cases} 1, & 0 \leqslant n \leqslant 4, \\ 0, & 5 \leqslant n \leqslant 9, \end{cases} \qquad x_2(n) = \begin{cases} 1, & 0 \leqslant n \leqslant 4, \\ -1, & 5 \leqslant n \leqslant 9, \end{cases}$$

作图表示 $x_1(n)$，$x_2(n)$ 和 $x_1(n) \otimes x_2(n)$.

解：用列表法求解 $x_1(n)$ 和 $x_2(n)$ 的 10 点循环卷积，列表 3.2 如下.

表 3.2 　计算 $x_1(n)$ 和 $x_2(n)$ 循环卷积表

n/m	...	−1	0	1	2	3	4	5	6	7	8	9	10	...	$y(n)$
$x_1(m)$			1	1	1	1	1	0	0	0	0	0			
$x_2(m)$			1	1	1	1	1	−1	−1	−1	−1	−1			
$x_1((m))$	...	0	1	1	1	1	1	0	0	0	0	0	1	...	
$x_1((-m))R_{10}(m)$			1	0	0	0	0	0	1	1	1	1			$y(0)=-3$
$x_1((1-m))R_{10}(m)$			1	1	0	0	0	0	0	1	1	1			$y(1)=-1$
$x_1((2-m))R_{10}(m)$			1	1	1	0	0	0	0	0	1	1			$y(2)=1$
$x_1((3-m))R_{10}(m)$			1	1	1	1	0	0	0	0	0	1			$y(3)=3$
$x_1((4-m))R_{10}(m)$			1	1	1	1	1	0	0	0	0	0			$y(4)=5$
$x_1((5-m))R_{10}(m)$			0	1	1	1	1	1	0	0	0	0			$y(5)=3$
$x_1((6-m))R_{10}(m)$			0	0	1	1	1	1	1	0	0	0			$y(6)=1$
$x_1((7-m))R_{10}(m)$			0	0	0	1	1	1	1	1	0	0			$y(7)=-1$
$x_1((8-m))R_{10}(m)$			0	0	0	0	1	1	1	1	1	0			$y(8)=-3$
$x_1((9-m))R_{10}(m)$			0	0	0	0	0	1	1	1	1	1			$y(9)=-5$

由循环卷积定义可知

$$y(n) = x_1(n) \otimes x_2(n) = x_2(n) \otimes x_1(n) = \sum_{m=0}^{10-1} x_2(m)x_1((n-m))R_{10}(n),$$

所以

$$y(0) = \sum_{m=0}^{9} x_2(m)x_1((-m))R_{10}(m),$$

其中 $y(0)$ 是表 3.2 中 $x_1((-m))R_{10}(m)$ 与 $x_2(m)$ 对应序号序列值相乘后再相加所得的值，即

$$y(0) = 1-1-1-1-1 = -3;$$

$$y(1) = \sum_{m=0}^{9} x_2(m)x_1((1-m))R_{10}(m),$$

其中 $y(1)$ 是表 3.2 中 $x_1((1-m))R_{10}(m)$ 与 $x_2(m)$ 对应序号序列值相乘后再相加所得的值，即

$$y(1) = 1+1-1-1-1 = -1 ;$$

同理可得到 $y(2) \sim y(9)$ 的值，如表 3.2 所示. 由此可知

$$y(n) = \{-3,-1,1,3,5,3,1,-1,-3,-5\} .$$

5. 如果 $X(k) = \mathrm{DFT}[x(n)]$，证明 DFT 的初值定理:

$$x(0) = \frac{1}{N} \sum_{k=0}^{N-1} X(k) .$$

解：因为

$$x(n) = IDFT[X(k)] = \frac{1}{N} \sum_{k=0}^{N-1} X(k) W_N^{-nk} , \quad 0 \leqslant n \leqslant N-1 ,$$

令 $n = 0$，代入上式得

$$x(0) = \frac{1}{N} \sum_{k=0}^{N-1} X(k) .$$

6. 设 $x(n)$ 的长度为 N，且

$$X(k) = DFT[x(n)] , \quad 0 \leqslant k \leqslant N-1 ,$$

令

$$h(n) = x((n))_N R_{rN}(n) , \quad H(k) = DFT[h(n)] , \quad 0 \leqslant k \leqslant rN-1 ,$$

求 $H(k)$ 与 $X(k)$ 的关系式.

解： $H(k) = DFT[h(n)] = \sum_{n=0}^{rN-1} h(n) W_{rN}^{nk} = \sum_{n=0}^{rN-1} x((n))_N \mathrm{e}^{-\mathrm{j}\frac{2\pi}{rN}nk} .$

令 $n = m + lN$，$l = 0,1,\cdots,r-1$，$m = 0,1,\cdots,N-1$，则上式变为

$$H(k) = \sum_{l=0}^{r-1} \sum_{n=0}^{N-1} x((m+lN))_N \mathrm{e}^{-\mathrm{j}\frac{2\pi}{rN}(m+lN)k} = \sum_{l=0}^{r-1} \left[\sum_{n=0}^{N-1} x(m)_N \mathrm{e}^{-\mathrm{j}\frac{2\pi}{rN}mk} \right] \mathrm{e}^{-\mathrm{j}\frac{2\pi}{r}lk}$$

$$= X\left(\frac{k}{r}\right) \sum_{l=0}^{r-1} \mathrm{e}^{-\mathrm{j}\frac{2\pi}{r}lk} = \begin{cases} rX\left(\dfrac{k}{r}\right), & \dfrac{k}{r} \text{为整数}, \\ 0, & \dfrac{k}{r} \text{为其他}, \end{cases} \quad 0 \leqslant k \leqslant rN-1 ,$$

式中 $\sum_{l=0}^{r-1} \mathrm{e}^{-\mathrm{j}\frac{2\pi}{r}lk}$ 只有当 $\dfrac{k}{r}$ 为整数时才有值，且值为 r.

7. 证明若 $x(n)$ 为实偶对称，即 $x(n) = x(N-n)$，则 $X(k)$ 也实偶对称；若 $x(n)$ 实奇对称，即 $x(n) = -x(N-n)$，则 $X(k)$ 为纯虚函数并奇对称. (注: $X(k) = DFT[x(n)]$)

证明：对任意序列 $x(n)$ 和 $X(k)$，由 DFT 的圆周共轭对称性可知:

$$x(n) = x_{ep}(n) + x_{op}(n)，\qquad\qquad ①$$

$$X(k) = X_{ep}(k) + X_{op}(k) = \text{Re}[X(k)] + j\text{Im}[X(k)]X_{op}(k) = 0，\qquad\qquad ②$$

且
$$x_{ep}(n) = \text{Re}[X(k)]，\quad x_{op}(n) = j\text{Im}[X(k)].$$

当 $x(n)$ 为实偶对称时，$x(n) = x(N-n)$ 等价于 $x_{op}(n) = 0$，式①变为

$$x(n) = x_{ep}(n).$$

同时有 $\text{Im}[X(k)] = 0$，则式②为

$$X(k) = \text{Re}[X(k)].$$

上式说明 $X(k)$ 是实数序列，实数序列具有偶对称性质，即说明式②中 $X_{op}(k) = 0$，此时由式②得

$$X(k) = X_{ep}(k).$$

上式即说明 $X(k)$ 也实偶对称.

或利用任意实序列的 DFT 具有共轭对称性，即 $X(k) = X^*(N-k)$，因为 $X(k)$ 是实数序列，所以

$$X(k) = X^*(N-k) = X(N-k).$$

此式说明，它满足实偶对称的条件，故 $X(k)$ 也实偶对称.

当 $x(n)$ 为实奇对称时，$x(n) = -x(N-n)$ 等价于 $x_{ep}(n) = 0$，式①变为

$$x(n) = x_{op}(n).$$

同时有 $\text{Re}[X(k)] = 0$，则式②为

$$X(k) = j\text{Im}[X(k)].$$

因此

$$X(k) = X^*(N-k) = -X(N-k).$$

上式即说明 $X(k)$ 为纯虚函数并奇对称.

★ 难点解析：

无论 $x(n)$ 是实偶对称还是实奇对称，因为 $x(n)$ 是实序列，那么必有实序列的 **DFT** 具有共轭对称性，即 $X(k) = X^*(N-k)$，也只有利用这个特性（式子），才能证明 $X(k)$ 的特性

8. 若 $X(k) = DFT[x(n)]$，$Y(k) = DFT[y(n)]$，$Y(k) = X\big((k+l)\big)_N R_N(k)$，证明：

$$y(n) = IDFT[Y(k)] = W_N^{lk} x(n).$$

证明： $y(n) = IDFT[Y(k)] = \dfrac{1}{N}\sum_{k=0}^{N-1} Y(k)W_N^{-nk}$

$$= W_N^{lk}\dfrac{1}{N}\sum_{k=0}^{N-1} X\big((k+l)\big)_N W_N^{-(k+l)n}$$

$$= \dfrac{1}{N}\sum_{k=0}^{N-1} X\big((k+l)\big)_N W_N^{-nk} R_N(k)$$

$$\underline{m=k+l}\; W_N^{lk}\dfrac{1}{N}\sum_{m=l}^{N-1+l} X\big((m)\big)_N W_N^{-mn}.$$

由于值 $X(k)$ 是以 l 为周期的，所以上式变为

$$y(n) = W_N^{lk}\dfrac{1}{N}\sum_{m=0}^{N-1} X\big((m)\big)_N W_N^{-mn} = W_N^{lk}\dfrac{1}{N}\sum_{m=0}^{N-1} X(m)_N W_N^{-mn} = W_N^{lk} x(n).$$

9. 已知 $x(n)$ 的长度为 N，

$$X(k) = DFT[x(n)],$$

$$y(n) = \begin{cases} x(n), & 0 \leqslant n \leqslant N-1, \\ 0, & N \leqslant n \leqslant rN-1, \end{cases} \quad Y(k) = DFT[y(n)], \quad 0 \leqslant k \leqslant rN-1,$$

求 $Y(k)$ 与 $X(k)$ 的关系式.

证明： $Y(k) = DFT[y(n)] = \sum_{n=0}^{N-1} y(n)W_{rN}^{nk}$

$$= \sum_{n=0}^{N-1} x(n)W_{rN}^{nk} = \sum_{n=0}^{N-1} x(n)W_N^{n\frac{k}{r}} = X\left(\dfrac{k}{r}\right),$$

式中 $\dfrac{k}{r}$ 为整数，$0 \leqslant k \leqslant rN-1$，$W_{rN}^{nk} = \mathrm{e}^{-\mathrm{j}\frac{2\pi}{rN}nk} = \mathrm{e}^{-\mathrm{j}\frac{2\pi}{N}n\frac{k}{r}} = W_N^{n\frac{k}{r}}.$

10. 证明离散相关定理. 若 $X(k) = X_1^*(k)X_2(k)$，则

$$x(n) = IDFT[X(k)] = \sum_{l=0}^{N-1} x_1^*(l)x_2\big((l+n)\big)_N R_N(n).$$

证明：（方法 1）

$$x(n) = IDFT[X(k)] = IDFT[X_1^*(k)X_2(k)]$$

$$= \dfrac{1}{N}\sum_{k=0}^{N-1} X_1^*(k)X_2(k)W_N^{-nk}$$

$$= \dfrac{1}{N}\sum_{k=0}^{N-1}\left(\sum_{l=0}^{N-1} x_1(l)\,W_N^{lk}\right)^* X_2(k)W_N^{-nk}$$

$$= \sum_{l=0}^{N-1} x_1^*(l)\dfrac{1}{N}\sum_{k=0}^{N-1} X_2(k)W_N^{-(n+l)k}, \quad 0 \leqslant n \leqslant N-1.$$

因为上式中的后部分为

$$\frac{1}{N}\sum_{k=0}^{N-1}X_2(k)W_N^{-(n+l)k}=\frac{1}{N}\sum_{k=0}^{N-1}X_2(k)W_N^{-((n+l))_Nk}=x_2((n+l))_N,$$

所以可得

$$x(n)=\sum_{l=0}^{N-1}x_1^*(l)x_2((n+l))_N,\ \ 0\leqslant n\leqslant N-1.$$

考虑 n 的取值范围，上式也可写作

$$x(n)=\sum_{l=0}^{N-1}x_1^*(l)x_2((n+l))_N R_N(n).$$

（方法 2）因为 DFT 的唯一性，预证明

$$x(n)=IDFT[X(k)]=\sum_{l=0}^{N-1}x_1^*(l)x_2\big((l+n)\big)_N R_N(n)$$

成立，可改为证明

$$DFT[x(n)]=DFT\left[\sum_{l=0}^{N-1}x_1^*(l)x_2\big((l+n)\big)_N R_N(n)\right]=X_1^*(k)X_2(k)$$

即可.

$$X(k)=DFT[x(n)]=\sum_{n=0}^{N-1}x(n)W_N^{nk}=\sum_{n=0}^{N-1}\left(\sum_{l=0}^{N-1}x_1^*(l)x_2\big((l+n)\big)_N\right)W_N^{nk}$$

$$=\sum_{l=0}^{N-1}x_1^*(l)\sum_{n=0}^{N-1}x_2\big((l+n)\big)_N W_N^{nk}=\sum_{l=0}^{N-1}x_1^*(l)W_N^{lk}\sum_{n=0}^{N-1}x_2\big((l+n)\big)_N W_N^{(n+l)k}.$$

对这个式子的后一部分，令 $m=l+n$，有

$$\sum_{n=0}^{N-1}x_2\big((l+n)\big)_N W_N^{(n+l)k}=\sum_{m=l}^{N-1+l}x_2\big((m)\big)_N W_N^{mk}=\sum_{m=0}^{N-1}x_2(m)_N W_N^{mk}=X_2(k).$$

所以可得

$$X(k)=X_1^*(k)X_2(k).$$

11. 证明离散帕斯维尔定理. 若 $X(k)=DFT[x(n)]$，则

$$\sum_{n=0}^{N-1}|x(n)|^2=\frac{1}{N}\sum_{k=0}^{N-1}|X(k)|^2.$$

证明：从等式右边证起，如下：

$$\frac{1}{N}\sum_{k=0}^{N-1}|X(k)|^2=\frac{1}{N}\sum_{k=0}^{N-1}X(k)X^*(k)=\frac{1}{N}\sum_{k=0}^{N-1}X(k)\left(\sum_{n=0}^{N-1}x(n)W_N^{nk}\right)^*$$

$$=\sum_{n=0}^{N-1}x^*(n)\frac{1}{N}\sum_{k=0}^{N-1}X(k)W_N^{-nk}=\sum_{n=0}^{N-1}x^*(n)x(n)=\sum_{n=0}^{N-1}|x(n)|^2.$$

12. 已知 $f(n) = x(n) + jy(n)$ ， $x(n)$ 与 $y(n)$ 均为 N 长实序列. 设

$$F(k) = DFT[f(n)], \quad 0 \leqslant k \leqslant N-1 ,$$

（1） $F(k) = \dfrac{1-a^N}{1-aW_N^k} + j\dfrac{1-b^N}{1-bW_N^k}$ ；

（2） $F(k) = 1 + jN$ ，

试求 $X(k) = DFT[x(n)]$ ， $Y(k) = DFT[y(n)]$ 以及 $x(n)$ 和 $y(n)$.

解：此题利用 DFT 圆周共轭对称性来解. DFT 圆周共轭对称性告诉我们，$x(n)$ 的 DFT 是 $F(k)$ 的圆周偶对称分量（序列） $F_{ep}(k)$ ，$y(n)$ 和 j 一起的 DFT 是 $F(k)$ 的圆周奇对称分量（序列） $F_{op}(k)$ ，即

$$f(n) = x(n) \qquad + \qquad jy(n)$$
$$\text{DFT} \updownarrow \text{IDFT} \qquad \text{DFT} \updownarrow \text{IDFT}$$
$$F(k) = F_{ep}(k) \qquad + \qquad F_{op}(k)$$

因此有

$$X(k) = DFT[x(n)] = F_{ep}(k) = \frac{1}{2}[F(k) + F^*(N-k)] ;$$

$$Y(k) = \frac{DFT[jy(n)]}{j} = \frac{F_{ep}(k)}{j} = \frac{1}{2j}[F(k) - F^*(N-k)] .$$

（1）将 $F(k) = \dfrac{1-a^N}{1-aW_N^k} + j\dfrac{1-b^N}{1-bW_N^k}$ 代入并计算得

$$X(k) = \frac{1}{2}[F(k) + F^*(N-k)] = \frac{1}{2}[F(k) + F^*(k)] = \frac{1-a^N}{1-aW_N^k} ;$$

$$Y(k) = \frac{1}{2j}[F(k) - F^*(N-k)] = \frac{1}{2j}[F(k) - F^*(k)] = \frac{1-b^N}{1-bW_N^k} .$$

而

$$x(n) = IDFT[X(k)] = \frac{1}{N}\sum_{k=0}^{N-1} X(k)W_N^{-nk} = \frac{1}{N}\sum_{k=0}^{N-1} \frac{1-a^N}{1-aW_N^k} W_N^{-nk}$$

$$\xlongequal{\text{因} W_N^{kN}=1} \frac{1}{N}\sum_{k=0}^{N-1} \left(\sum_{m=0}^{N-1} a^m W_N^{km}\right) W_N^{-nk}$$

$$= \sum_{m=0}^{N-1} \frac{1}{N} a^m \sum_{k=0}^{N-1} W_N^{k(m-n)} = a^n , \quad 0 \leqslant n \leqslant N-1 ,$$

式中，只有当 $m=n$ 时，$\displaystyle\sum_{k=0}^{N-1} W_N^{k(m-n)} = N$ ，m 取其他值时，$\displaystyle\sum_{k=0}^{N-1} W_N^{k(m-n)} = 0$ ；

同理可得

$$y(n) = b^n, \quad 0 \leqslant n \leqslant N-1.$$

（2）将 $F(k) = 1 + jN$ 代入并计算得

$$X(k) = \frac{1}{2}[F(k) + F^*(N-k)] = \frac{1}{2}(1 + jN + 1 - jN) = 1;$$

$$Y(k) = \frac{1}{2j}[F(k) - F^*(N-k)] = \frac{1}{2j}(1 + jN - 1 + jN) = N.$$

而

$$x(n) = IDFT[X(k)] = \frac{1}{N}\sum_{k=0}^{N-1} X(k)W_N^{-nk} = \frac{1}{N}\sum_{k=0}^{N-1} W_N^{-nk} = \delta(n);$$

$$y(n) = IDFT[Y(k)] = \frac{1}{N}\sum_{k=0}^{N-1} Y(k)W_N^{-nk} = \frac{1}{N}\sum_{k=0}^{N-1} N W_N^{-nk} = N\delta(n).$$

13. 已知序列 $x(n) = a^n u(n)$，$0 < a < 1$，对 $x(n)$ 的 Z 变换 $X(z)$ 在单位圆上等间隔采样 N 点，采样值为

$$X(k) = X(z)\Big|_{z=W_N^{-k}}, \quad k = 0, 1, \cdots, N-1,$$

求有限长序列 $IDFT[X(k)]$.

分析：因为题中所给的序列 $x(n) = a^n u(n)$ 是无限长，而 $X(k) = X(z)\Big|_{z=W_N^{-k}}$ 就是频率采样的定义，所以本题考察的就是频率采样定理的推导，因此可利用频率采样定理推证的结论求解. 其结论是：一个有限长序列 $x_N(n)$ 是 $x(n)$ 以 N 为周期进行周期延拓的主值序列，用公式表示为 $x_N(n) = \tilde{x}(n)R_N(n)$.

解：因为

$$\begin{aligned}
\tilde{x}(n) &= x((n)) \\
&= \cdots + x(n+2N) + x(n+N) + x(n) + x(n-N) + x(n-2N) + \cdots + x(n+rN) + \cdots \\
&= \sum_{r=-\infty}^{\infty} x(n+rN),
\end{aligned}$$

所以

$$\begin{aligned}
x_N(n) &= IDFT[X(k)] = \tilde{x}(n)R_N(n) = \sum_{r=-\infty}^{\infty} x(n+rN)R_N(n) \\
&= \sum_{r=-\infty}^{\infty} a^{n+rN} u(n+rN)R_N(n) = \sum_{r=0}^{\infty} a^{n+rN} R_N(n) \\
&= a^n \sum_{r=0}^{\infty} a^{rN} R_N(n) \underset{\text{因} 0 < a < 1}{=\!=\!=\!=} \frac{a^n}{1-a^N} R_N(n).
\end{aligned}$$

✦ **注意**：

此题不能直接用 IDFT 定义求解，因为这里的 $X(k)$ 实际上是周期序列的主值序列.

14. 两个有限长序列 $x(n)$ 和 $y(n)$ 的零值区间为

$$x(n) = 0, \quad n < 0, 8 \leqslant n; \quad y(n) = 0, \quad n < 0, 20 \leqslant n,$$

对每个序列作 20 点 DFT，即

$$X(k) = DFT[x(n)], \quad k = 0,1,\cdots,19; \quad Y(k) = DFT[y(n)], \quad k = 0,1,\cdots,19,$$

如果

$$F(k) = X(k)Y(k), \quad k = 0,1,\cdots,19; \quad f(n) = IDFT[F(k)], \quad k = 0,1,\cdots,19,$$

试问在哪些点上 $f(n) = x(n) * y(n)$ ？为什么？

解：由题意知：

当 $n = 0, 1, 2, \cdots, 7$ 时，序列 $x(n)$ 有值，即它的长度为 8，令 $N_1 = 8$；

同样，序列 $y(n)$ 的长度为 20，令 $N_2 = 20$；

$f(n)$ 的长度 $L = 20$.

又由题意知

$$F(k) = X(k)Y(k), \quad f(n) = IDFT[F(k)],$$

所以

$$f(n) = x(n) \otimes y(n).$$

令 $f_l(n) = x(n) * y(n)$，则 $f_l(n)$ 的长度为 $N_1 + N_2 - 1 = 27$.

我们知道

$$f(n) = \sum_{r=-\infty}^{\infty} f_l(n+rL)R_L(n) = \sum_{r=-\infty}^{\infty} f_l(n+20r)R_{20}(n),$$

因为 20 小于 27，所以对 $f_l(n)$ 进行周期延拓后必有混叠，也只有不混叠点，才是本题所求的点，即 $f(n) = f_l(n)$. 为此需考虑 $f_l(n)$ 周期延拓后的 $f_l(n)$，$f_l(n+20)$ 和 $f_l(n-20)$ 之间与 $y(n)$ 的关系，才能找出不混叠范围，如图 3.1 所示，图中阴影部分表示有混叠.

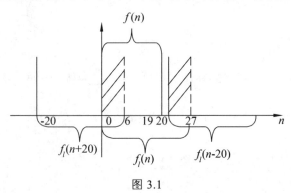

图 3.1

从图 3.1 看出，不混叠点范围为 $7 \leqslant n \leqslant 19$. 故当 $7 \leqslant n \leqslant 19$ 时，$f(n) = x(n) * y(n)$.

结论推广：

不能.

15. 用计算机对实数序列作谱分析，要求谱分辨率 $F \leqslant 50\,\text{Hz}$，信号最高频率为 $1\,\text{kHz}$，试确定以下各参数：

（1）最小记录时间 $T_{p\min}$；

（2）最大采样间隔 $T_{\max}$；

（3）最少采样点数 $N_{\min}$；

（4）在频带宽度不变的情况下，将频率分辨率提高 1 倍的 N 值.

解：（1）因为

$$T_p \geqslant \frac{1}{F} = \frac{1}{50} = 0.02\,\text{s} ,$$

因此，$T_{p\min} = 0.02\,\text{s}$.

（2）因为要求 $f_s \geqslant 2f_c$，也就是

$$T_s \leqslant \frac{1}{2f_c}$$

所以

$$T_{\max} = \frac{1}{2f_c} = \frac{1}{2 \times 1000} = 5 \times 10^{-4}\,\text{s} .$$

（3）$N_{\min} = \dfrac{T_p}{T} = \dfrac{0.02}{5 \times 10^{-4}} = 40$.

考虑下一章内容，为使用 DFT 的快速算法（基 2FFT），希望 N 符合 2 的整数幂，为此取 $N = 64$.

（4）在频带宽度不变（意味着采样周期不变）的情况下，为使频率分辨率提高 1 倍，即 F 变为原来的 $\dfrac{1}{2}$，要求：

$$N_{\min} = \frac{T_p}{T} = \frac{1}{TF} .$$

显然，T 一定，$N_{\min}$ 与 F 成反比，故 $N_{\min} = 40 \times 2 = 80$.

为使用 DFT 的快速算法 FFT，为此选用 $N = 128$.

16. 已知调幅信号的载波频率 $f_c = 1\,\text{kHz}$，调制信号频率 $f_m = 100\,\text{Hz}$，谱分辨率 $F \leqslant 100\,\text{Hz}$，用 FFT 对其进行谱分析，试问：

（1）最小记录时间 T_p 是多少？

（2）最低采样频率 f_s 是多少？

（3）最少采样点数 N 是多少？

解：调幅信号的载波频率 $f_c = 1\,\text{kHz}$，调制信号频率 $f_m = 100\,\text{Hz}$，所以已调调幅信号的最高频率 $f_{\max c} = 1.1\ \text{kHz}$.

（1）因为

$$T_p \geqslant \frac{1}{F} = \frac{1}{100} = 0.01\,\text{s}\,,$$

因此，$T_{p\min} = 0.01\text{s}$.

（2）因为要求

$$f_s \geqslant 2f_c\,,$$

所以最低采样频率 $f_s = 2f_c = 2.2\ \text{kHz}$.

（3）$N_{\min} = \dfrac{T_p}{T} = T_p \times f_s = 0.01 \times 2.2 \times 10^3 = 22$.

用 FFT 对其进行谱分析，因为选基 2FFT 算法，希望 N 符合 2 的整数幂，为此取 $N = 32$.

17*. 在下列说法中选择正确的结论. 线性调频 Z 变换可以用来计算一个有限长序列 $h(n)$ 在 Z 平面实轴上诸点 $\{z_k\}$ 的 Z 变换 $H(z_k)$，使

（1）$z_k = a^k$，$k = 0,1,\cdots,N-1$，a 为实数，$a \neq 1$；

（2）$z_k = ak$，$k = 0,1,\cdots,N-1$，a 为实数，$a \neq 1$；

（3）（1）和（2）都不行，即线性调频 Z 变换不能计算 $H(z)$ 在 z 平面实轴上的采样值.

解答：略.

18*. 利用 $h(n)$ 长度为 $N = 50$ 的 FIR 滤波器对一段很长的数据序列进行滤波处理，要求采用重叠保留法通过 DFT（即 FFT）来实现. 所谓重叠保留法，就是对输入序列进行分段（本题设每段长度为 $M = 100$ 个采样点），但相邻两段必须重叠 V 个点，然后计算各段与 $h(n)$ 的 L 点（本题取 $L = 128$）循环卷积，得到输出序列 $y_m(n)$，m 表示第 m 段计算输出. 最后，从 $y_m(n)$ 中取出 B 个，使每段取出的 B 个采样连接得到滤波输出 $y(n)$.

（1）求 V 的值；

（2）求 B 的值；

（3）确定取出的 M 个采样应为 $y_m(n)$ 中的哪些采样点.

解答：略.

19. 已知序列 $x_1(n) = \{1,2,2,2\}$，$x_2(n) = \{1,2,3,4\}$，分别用 MATLAB 中的卷积和（线性卷积）、循环卷积和 DFT 三种方式，编程实现其线性卷积的求解.

解：源程序代码如下：
```
clear
x1=[1, 2, 2, 2];
```

```
x2=[1, 2, 3, 4];
xxjj=conv(x1, x2)                % 求卷积和
cxxjj=circonvt(x1, x2, 7)        % 求循环卷积
x1=[ x1, zeros(1, 3)];
x2=[ x2, zeros(1, 3)];
X1=fft(x1, 7);                   % 对序列 x1(n)作 7 点 DFT
X2=fft(x2, 7);                   % 对序列 x2(n)作 7 点 DFT
Dxxjj=ifft(X1.*X2)               % DFT 求卷积
```

运行及其结果：

```
xxjj =
     1     4     9    16    18    14     8
cxxjj =
     1     4     9    16    18    14     8
Dxxjj =
    1.0000    4.0000    9.0000   16.0000   18.0000   14.0000    8.0000
```

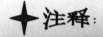 注释：

circonvt 不是 MATLAB 自带函数，是自编写的函数，程序见教材 3.5.4 节.

第4章 快速傅里叶变换

4.1 学习指导

本章知识点与知识结构:

要 点

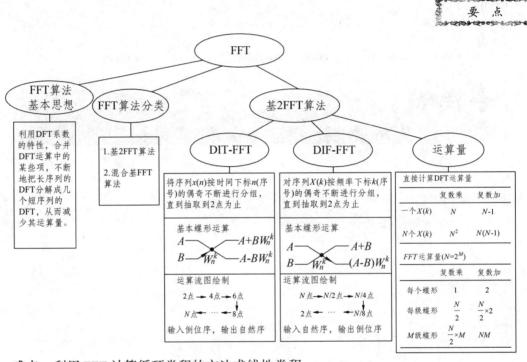

难点:利用 FFT 计算循环卷积的方法求线性卷积.

时域离散系统分析是将信号分解成单位采样序列及其移位加权和的形式,然后采用卷积运算来处理,而采用 DFT 对离散系统进行频域分析时引入了循环卷积. 为区分循环卷积,将卷积分为卷积和或线性卷积. 采用 DFT 的快速算法 FFT 计算循环卷积时,计算速度很快,因而循环卷积又称为快速卷积. 采用 FFT 计算循环卷积示意图如图 4.1 所示.

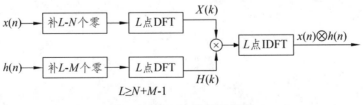

图 4.1 FFT 计算循环卷积

具体步骤如下：

（1）对序列 $x(n)$ 和 $h(n)$ 补零，使其长度 L 大于等于 $N+M-1$ 且为 2 的幂次方；

（2）采用基 2FFT 算法求 $x(n)$ 和 $h(n)$ 的 N 点 DFT，得到 $X(k)$ 和 $H(k)$；

（3）将 $X(k)$ 和 $H(k)$ 相乘，得 $Y(k)=X(k)H(k)$；

（4）采用基 2FFT 的逆变换算法求 $y(n)=IDFT[Y(k)]$.

4.2　思考题与典型题

1. 设一个离散信号 $x(n)=\{2,-1,1,1\}$，解答：

（1）直接计算它的 4 点 DFT；

（2）画出 $x(n)$ 的 4 点 FFT 的时间抽取信号流图，并在每个节点上标注每一级的计算结果；

（3）画出 $x(n)$ 的 4 点 FFT 的频率抽取信号流图，并在每个节点上标注每一级的计算结果.

解：（1）由 DFT 的定义有

$$X(k)=\sum_{n=0}^{3}x(n)W_4^{kn}.$$

而

$$W_4^1=\mathrm{e}^{-\frac{2\pi}{N}}=\mathrm{e}^{-\frac{\pi}{2}}=-\mathrm{j}，\quad W_4^2=\mathrm{e}^{-\pi}=-1，\quad W_4^3=\mathrm{j}，\quad W_4^4=W_4^0=1.$$

则

$$X(0)=\sum_{n=0}^{3}x(n)W_4^{0\cdot n}=\sum_{n=0}^{3}x(n)=x(0)+x(1)+x(2)+x(3)=2-1+1+1=3；$$

$$X(1)=\sum_{n=0}^{3}x(n)W_4^{1\cdot n}=\sum_{n=0}^{3}x(n)(-\mathrm{j})^n=2+\mathrm{j}-1+\mathrm{j}=1+2\mathrm{j}；$$

$$X(2)=\sum_{n=0}^{3}x(n)W_4^{2\cdot n}=\sum_{n=0}^{3}x(n)(-1)^n=2+1+1-1=3；$$

$$X(3)=\sum_{n=0}^{3}x(n)W_4^{3\cdot n}=\sum_{n=0}^{3}x(n)(\mathrm{j})^n=2-\mathrm{j}-1-\mathrm{j}=1-2\mathrm{j}.$$

所以　　　　　　　　$X(k)=\{3,1+2\mathrm{j},3,1-2\mathrm{j}\}.$

（2）4 点 FFT 的时间抽取算法运算流如图 4.2 所示.

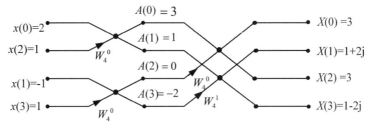

图 4.2　点 DIT-FFT 算法运算流

其中

$$A(0) = x(0) + x(2)W_4^0 = 3 \; ; \; A(1) = x(0) - x(2)W_4^0 = 1 \; ;$$

$$A(2) = x(1) + x(3)W_4^0 = 0 \; ; \; A(3) = x(1) - x(3)W_4^0 = -2 \; ;$$

$$X(0) = A(0) + A(2)W_4^0 = 3 + 0 \times 1 = 3 \; ; \; X(1) = A(1) + A(3)W_4^1 = 1 + (-2) \times \mathrm{j} = 1 - 2\mathrm{j} \; ;$$

$$X(2) = A(0) - A(2)W_4^0 = 0 \; ; \; X(3) = A(1) - A(3)W_4^1 = 1 + 2\mathrm{j}.$$

所以　　　　$X(k) = \{3, 1+2\mathrm{j}, 3, 1-2\mathrm{j}\}$.

（3）4 点 FFT 的频率抽取算法运算流如图 4.3 所示.

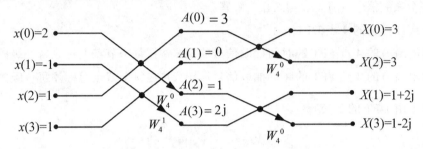

图 4.3　　点 DIF-FFT 算法运算流

其中

$$A(0) = x(0) + x(2) = 3 \; ; \; A(2) = [x(0) + x(2)]W_4^0 = 1 \; ;$$

$$A(1) = x(1) + x(3) = 0 \; ; \; A(3) = [x(1) - x(3)]W_4^1 = 2\mathrm{j} \; ;$$

$$X(0) = A(0) + A(1) = 3 + 0 = 3 \; ; \; X(1) = A(2) + A(3) = 1 + 2\mathrm{j} \; ;$$

$$X(2) = [A(0) - A(1)]W_4^0 = 3 \; ; \; X(3) = [A(2) - A(3)]W_4^0 = 1 - 2\mathrm{j}.$$

所以　　　　$X(k) = \{3, 1+2\mathrm{j}, 3, 1-2\mathrm{j}\}$.

2. 序列 $x(n) = \{1, 2, 3\}$ 和 $h(n) = \{3, 2, 1\}$，试求：

（1）卷积 $x(n) * h(n)$.

（2）若用基 2FFT 的循环卷积法来计算两个序列的卷积，FFT 至少应取多少个点？

（3）用 FFT 计算循环卷积的方法求线性卷积.

解：（1）编写 MATLAB 程序如下：
x=[1, 2, 3];
h=[3, 2, 1];
y=conv(x, h)
所以

$$y(n) = \{3, 8, 14, 8, 3\} \; , \; 0 \leqslant n \leqslant 4.$$

（2）若用基 2FFT 的循环卷积法（快速卷积）来完成两序列的线性卷积运算，因为 $x(n)$ 和 $h(n)$ 的长度皆为 3，所以 $x(n) * h(n)$ 的长度为 $L = 3 + 3 - 1 = 5$，故 FFT 至少应取 $2^3 = 8$ 点.

（3）编写 MATLAB 程序求解.

程序：

```
clear, close all
N=8;
x0=[1, 2, 3];h0=[3, 2, 1];
x=[x0 zeros(1, N)];
h=[ h0 zeros(1, N)];
Xk=fft(x, N);
Hk=fft(h, N);
Yk= Xk.*Hk ;
y=ifft(Yk, N)
```

运行结果：

$$y = 3 \qquad 8 \qquad 14 \qquad 8 \qquad 3 \qquad 0 \qquad 0 \qquad 0$$

4.3 习题解答

1. 如果计算机的运算速度为平均每次复数乘法运算需要 $5\,\mu s$，平均每次复数加法运算需要 $1\,\mu s$，如果用它来计算 $N = 1024$ 点 DFT，问直接计算需要多少时间？用 FFT 计算又需要多少时间？照这样计算，用 FFT 进行快速卷积对信号进行处理时，估算可实现实时处理的信号最高频率.

解：

$$用 DFT 直接计算运算量\begin{cases} 复数乘法运算次数：N^2 = 1024^2 = 2^{20}, \\ 复数加法运算次数：N(N-1) = 1024 \times (1024-1) = 1047552, \end{cases}$$

则直接计算需要的时间为

$$[N^2 \times 5 \times 10^{-6} + N(N-1) \times 1 \times 10^{-6}]$$
$$= (2^{20} \times 5 \times 10^{-6} + 1047552 \times 1 \times 10^{-6})$$
$$\approx 6.29\,\text{s}.$$

$$用 FFT 计算运算量\begin{cases} 复数乘法运算次数：\dfrac{N}{2} \log_2 N = 5120, \\ 复数加法运算次数：N \log_2 N = 10240, \end{cases}$$

则用 FFT 计算需要的时间为

$$\frac{N}{2} \log_2 N \times 5 \times 10^{-6} + N \log_2 N \times 1 \times 10^{-6}$$
$$= 5120 \times 5 \times 10^{-6} + 10240 \times 1 \times 10^{-6}$$
$$= 3.584 \times 10^{-2}\,\text{s}.$$

用 FFT 进行快速卷积时需要 1 次 N 点 FFT 和 1 次 N 点 IFFT 及其 N 次频域复数乘法运算，

故总的复数乘法运算次数为 $2\left(\dfrac{N}{2}\log_2 N\right)+N$ 次、复数加法运算次数为 $2(N\log_2 N)$ 次，所以计算需要的时间为

$$2\left(\frac{N}{2}\log_2 N\times 5\times 10^{-6}+N\log_2 N\times 1\times 10^{-6}\right)+N\times 5\times 10^{-6}$$
$$=2\times 3.584\times 10^{-2}+1024\times 5\times 10^{-6}$$
$$=7.68\times 10^{-2}\,\mathrm{s}\;.$$

所以，采样频率为

$$f_s<\frac{1024}{76.8\times 10^{-3}}\,\mathrm{Hz}=13.3\times 10^{3}\,\mathrm{Hz}\;;$$

可实时处理的信号最高频率

$$f_{\max}<\frac{f_s}{2}=\frac{13.3}{2}\,\mathrm{kHz}=6.67\,\mathrm{kHz}\;.$$

2. 如果将通用计算机换成数字信号处理专用单片机 TMS320 系列，则计算复数乘法 1 次仅需要 400 ns 左右，计算复数加法 1 次需要 100 ns，请重复做上题.

解：直接计算需要的时间为

$$(1024^2\times 400\times 10^{-9}+1024\times 1023\times 10^{-7})\mathrm{s}=0.5242\,\mathrm{s}\;.$$

用 FFT 运算需要的时间为

$$(5120\times 4\times 10^{-7}+10240\times 10^{-7})\mathrm{s}=3.072\,\mathrm{ms}\;.$$

快速卷积时有一次 N 点 FFT、一次 N 点 IFFT 及 N 次的频域复乘，运算需要的时间为

$$(2\times 3.072\times 10^{-3}+1024\times 4\times 10^{-7})\,\mathrm{s}=6.5336\,\mathrm{ms}\;.$$

则采样频率

$$f_s<\frac{1024}{6.5336\times 10^{-3}}\,\mathrm{Hz}=156.25\,\mathrm{kHz}\;.$$

3. 序列 $x(n)=\left\{\dfrac{1}{2},\dfrac{1}{2},\dfrac{1}{2},\dfrac{1}{2},0,0,0,0\right\}$，按时域抽取和频域抽取基 2FFT 算法计算 8 点 DFT，全程跟踪相应的运算流图，并将中间量加注在图上.

解：因为 $W_N=\mathrm{e}^{-\mathrm{j}\frac{2\pi}{N}}$，所以

$$W_8^{0}=\mathrm{e}^{-\mathrm{j}\frac{2\pi}{8}\times 0}=1,\quad W_8^{1}=\mathrm{e}^{-\mathrm{j}\frac{2\pi}{8}\times 1}=\frac{\sqrt{2}}{2}(1-\mathrm{j})\;,$$

$$W_8^{2}=\mathrm{e}^{-\mathrm{j}\frac{2\pi}{8}\times 2}=-\mathrm{j},\quad W_8^{3}=\mathrm{e}^{-\mathrm{j}\frac{2\pi}{8}\times 3}=-\frac{\sqrt{2}}{2}(1+\mathrm{j})\;.$$

（1）时域抽取.

时域抽取基 2FFT 算法的运算流如图 4.4 所示.

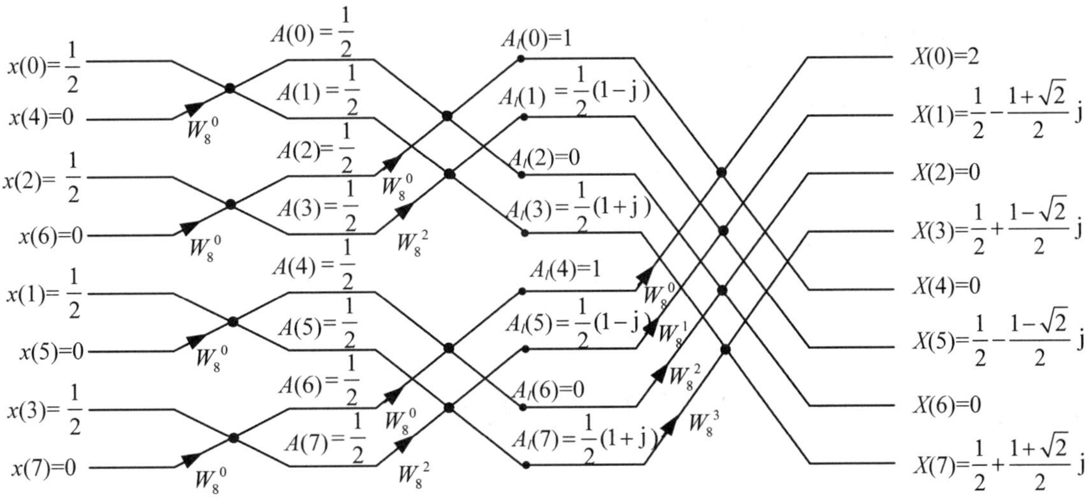

图 4.4　DIT-FFT 算法运算流

其中　$A(0) = x(0) + x(4)W_8^0 = \dfrac{1}{2}$；$A(1) = x(0) - x(4)W_8^0 = \dfrac{1}{2}$；

$A(2) = x(2) + x(6)W_8^0 = \dfrac{1}{2}$；$A(3) = x(2) - x(6)W_8^0 = \dfrac{1}{2}$；

$A(4) = x(1) + x(5)W_8^0 = \dfrac{1}{2}$；$A(5) = x(1) - x(5)W_8^0 = \dfrac{1}{2}$；

$A(6) = x(3) + x(7)W_8^0 = \dfrac{1}{2}$；$A(7) = x(3) - x(7)W_8^0 = \dfrac{1}{2}$.

故　　$A(k) = \left\{ \dfrac{1}{2},\ \dfrac{1}{2},\ \dfrac{1}{2},\ \dfrac{1}{2},\ \dfrac{1}{2},\ \dfrac{1}{2},\ \dfrac{1}{2},\dfrac{1}{2} \right\}$.

$A_1(0) = A(0) + A(2)W_8^0 = \dfrac{1}{2} + \dfrac{1}{2} = 1$；$A_1(1) = A(1) + A(3)W_8^2 = \dfrac{1}{2}(1 - j)$；

$A_1(2) = A(0) - A(2)W_8^0 = \dfrac{1}{2} - \dfrac{1}{2} = 0$；$A_1(3) = A(1) - A(3)W_8^2 = \dfrac{1}{2}(1 + j)$；

$A_1(4) = A(4) + A(6)W_8^0 = \dfrac{1}{2} + \dfrac{1}{2} = 1$；$A_1(5) = A(5) + A(7)W_8^2 = \dfrac{1}{2}(1 - j)$；

$A_1(6) = A(4) - A(6)W_8^2 = \dfrac{1}{2} - \dfrac{1}{2} = 0$；$A_1(7) = A(5) - A(7)W_8^2 = \dfrac{1}{2}(1 + j)$.

故　　$A_1(k) = \left\{ 1,\ \dfrac{1}{2}(1 - j),\ 0,\ \dfrac{1}{2}(1 + j),\ 1,\ \dfrac{1}{2}(1 - j),\ 0,\ \dfrac{1}{2}(1 + j) \right\}$.

$X(0) = A_1(0) + A_1(4)W_8^0 = 1 + 1 = 2$；

$X(1) = A_1(1) + A_1(5)W_8^1 = \dfrac{1}{2}(1 - j) + \left(\dfrac{1}{2} - \dfrac{j}{2} \right) \dfrac{\sqrt{2}}{2}(1 - j) = \dfrac{1}{2} - \dfrac{1 + \sqrt{2}}{2} j$；

$X(2) = A_1(2) + A_1(6)W_8^2 = 0$；

$$X(3) = A_1(3) + A_1(7)W_8^3 = \frac{1}{2} + \frac{1-\sqrt{2}}{2}\text{j};$$

$$X(4) = A_1(0) - A_1(4)W_8^0 = 0;$$

$$X(5) = A_1(1) + A_1(5)W_8^1 = \frac{1}{2} - \frac{1-\sqrt{2}}{2}\text{j};$$

$$X(6) = A_1(2) - A_1(6)W_8^2 = 0;$$

$$X(7) = A_1(3) + A_1(7)W_8^3 = \frac{1}{2} + \frac{1+\sqrt{2}}{2}\text{j}.$$

故　$X(k) = \left\{ 2,\ \frac{1}{2} - \frac{1+\sqrt{2}}{2}\text{j},\ 0,\ \frac{1}{2} + \frac{1-\sqrt{2}}{2}\text{j},\ 0,\ \frac{1}{2} - \frac{1-\sqrt{2}}{2}\text{j},\ 0,\ \frac{1}{2} + \frac{1+\sqrt{2}}{2}\text{j} \right\}.$

（2）频域抽取.

频域抽取基 2FFT 算法的运算流如图 4.5 所示.

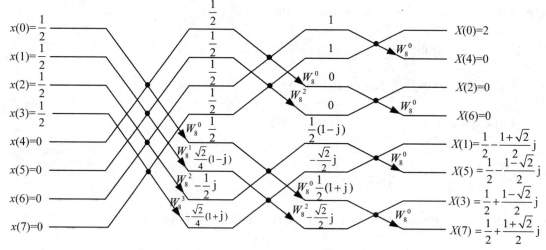

图 4.5　DIF-FFT 算法运算流

其中　$X(0) = 1 + 1 = 2;$

$$X(4) = (1-1) \times W_8^0 = 0;$$

$$X(2) = (0-0) \times W_8^0 = 0;$$

$$X(6) = 0 + 0 = 0;$$

$$X(1) = \frac{1}{2} - \frac{\text{j}}{2} - \frac{\sqrt{2}\text{j}}{2} = \frac{1}{2} - \frac{1+\sqrt{2}}{2}\text{j};$$

$$X(5) = \left(\frac{1}{2} - \frac{\text{j}}{2} + \frac{\sqrt{2}\text{j}}{2} \right) \times W_8^0 = \frac{1}{2} - \frac{1-\sqrt{2}}{2}\text{j};$$

$$X(3) = \frac{1}{2} + \frac{\text{j}}{2} - \frac{\sqrt{2}\text{j}}{2} = \frac{1}{2} + \frac{1-\sqrt{2}}{2}\text{j};$$

$$X(7) = \left(\frac{1}{2} + \frac{j}{2} + \frac{\sqrt{2}j}{2}\right) \times W_8^0 = \frac{1}{2} + \frac{1 + \sqrt{2}}{2}j.$$

同样

$$X(k) = \left\{2, \ \frac{1}{2} - \frac{1+\sqrt{2}j}{2}, \ 0, \ \frac{1}{2} - \frac{1-\sqrt{2}j}{2}, \ 0, \ \frac{1}{2} - \frac{1-\sqrt{2}j}{2}, \ 0, \ \frac{1}{2} + \frac{1+\sqrt{2}j}{2}\right\}.$$

4. 对模拟信号 $x_a(t)$ 在 1 s 内进行了 4096 次抽样，得到有限长序列 $x(n)$，假设频域内无混叠.

（1）$x_a(t)$ 的最高频率 f_c 为多少？

（2）对 $x(n)$ 进行 4096 点 DFT，问频率分辨率 F 为多少？

（3）当只求 200 Hz $\leqslant f \leqslant$ 300 Hz 的 DFT 时，需要多少次复数乘法运算？

（4）若采用 DIT-FFT 计算 $X(k)$，需要多少次复数乘法运算？

解：（1）因为 $f_s = 4096$ Hz，所以 $f_c = 2048$ Hz.

（2）$F = \dfrac{1}{T_p} = \dfrac{1}{1} = 1$ Hz.

（3）因为 $F = 1$ Hz，所以 $200 \leqslant k \leqslant 300$，则所需复数乘法运算次数：$4096 \times 101 = 413696$.

（4）所需复数乘法运算次数：$\dfrac{N}{2}\log_2 N = \dfrac{4096}{2}\log_2 4096 = 24576$.

5. 已知 $X(k)$ 和 $Y(k)$ 是两个 N 点实序列 $x(n)$ 和 $y(n)$ 的 DFT，若要从 $X(k)$ 和 $Y(k)$ 求 $x(n)$ 和 $y(n)$，为提高运算效率，试设计用一次 N 点 IFFT 来完成.

解：实序列 $x(n)$ 和 $y(n)$ 的 DFT 变换对为

$$x(n) \Leftrightarrow X(k); \ y(n) \Leftrightarrow Y(k).$$

构造新序列 $F(k) = X(k) + jY(k)$，则 $F(k)$ 又可分解成

$$F(k) = F_{ep}(k) + F_{op}(k).$$

对 $F(k)$ 做 N 点 IDFT 得

$$f(n) = IDFT[X(k) + jY(k)] = IDFT[X(k)] + IDFT[jY(k)] = x(n) + jy(n).$$

由 DFT 圆周共轭对称性知

$$
\begin{array}{ccc}
f(n)=x(n) & + & jy(n) \\
\text{DFT}\updownarrow\text{IDFT} & & \text{DFT}\updownarrow\text{IDFT} \\
F(k)=F_{ep}(k) & + & F_{op}(k)
\end{array}
$$

综上有

$$x(n) = IDFT[F_{ep}(k)] = IDFT[X(k)] = \text{Re}[f(n)],$$

$$jy(n) = IDFT[F_{op}(k)] = IDFT[jY(k)] = j\text{Im}[f(n)].$$

因此有

$$x(n) = \frac{1}{2}[f(n) + f^*(n)], \quad y(n) = \frac{1}{2\mathrm{j}}[f(n) - f^*(n)].$$

6. 设 $x(n)$ 是长度为 $2N$ 的有限长实序列，$X(k)$ 为 $x(n)$ 的 $2N$ 点 DFT.

（1）试设计用一次 N 点 FFT 完成计算 $X(k)$ 的高效算法.

（2）若已知 $X(k)$，试设计用一次 N 点 IFFT 实现求 $x(n)$ 的 $2N$ 点 IDFT.

解：（1）将 $2N$ 点的有限长实序列 $x(n)$ 按时间下标 n 的偶奇抽取得到两个 N 点实序列，设为 $x_1(n)$ 和 $x_2(n)$，且

$$x_1(n) = x(2n), \quad 0 \leqslant n \leqslant N-1,$$
$$x_2(n) = x(2n+1), \quad 0 \leqslant n \leqslant N-1.$$

依据 DIT-FFT 的思想，只要求得 $x_1(n)$ 和 $x_2(n)$ 的 N 点 DFT，再经过简单的蝶形运算就可得到 $x(n)$ 的 $2N$ 点 DFT.

根据 DFT 圆周共轭性，用一次 N 点 FFT 完成计算 $X_1(k)$ 和 $X_2(k)$ 的方法如下：

构造新序列 $f(n) = x_1(n) + \mathrm{j}x_2(n)$，它的 DFT 为

$$F(k) = DFT[f(n)], \quad 0 \leqslant k \leqslant N-1.$$

因此有

$$X_1(k) = DFT[x_1(n)] = F_{ep}(k) = \frac{1}{2}[F(k) + F^*(N-k)],$$

$$X_2(k) = \frac{DFT[\mathrm{j}x_2(n)]}{\mathrm{j}} = \frac{F_{ep}(k)}{\mathrm{j}} = \frac{1}{2\mathrm{j}}[F(k) - F^*(N-k)].$$

得到 $x(n)$ 的 $2N$ 点 DFT 的蝶形运算式为

$$\begin{cases} X(k) = X_1(k) + W_{2N}^k X_2(k), \\ X(N+k) = X_1(k) - W_{2N}^k X_2(k), \end{cases} \quad 0 \leqslant k \leqslant N-1.$$

（2）利用（1）问的结果，重写

$$\begin{cases} X(k) = X_1(k) + W_{2N}^k X_2(k), & \quad ① \\ X(N+k) = X_1(k) - W_{2N}^k X_2(k). & \quad ② \end{cases}$$

①+②得

$$X_1(k) = \frac{1}{2}[X(k) + X(N-k)]. \qquad ③$$

①−②得

$$X_2(k) = \frac{1}{2}[X(k) - X(N-k)]W_{2N}^{-k}. \qquad ④$$

通过式③和④求 $X_1(k)$ 和 $X_2(k)$，然后由 $X_1(k)$ 和 $X_2(k)$ 构造新频域序列

$$F(k) = X_1(k) + \mathrm{j}X_2(k) = F_{ep}(k) + F_{op}(k) ,$$

其中 $F_{ep}(k) = X_1(k)$ ，$F_{op}(k) = X_2(k)$.

对 $F(k)$ 做 N 点 IFFT 得

$$f(n) = DFT[F(k)] = \mathrm{Re}[f(n)] + \mathrm{j}\mathrm{Im}[f(n)] ,\quad 0 \leqslant n \leqslant N-1 .$$

由 DFT 的圆周共轭对称性知

$$\mathrm{Re}[f(n)] = \frac{1}{2}[f(n) + f^*(n)] = IDFT[F_{ep}(k)] = x_1(n) ,$$

$$\mathrm{j}\mathrm{Im}[f(n)] = \frac{1}{2}[f(n) - f^*(n)] = IDFT[F_{op}(k)] = \mathrm{j}x_2(n) .$$

所以

$$x(n) = \begin{cases} x_1\left(\dfrac{n}{2}\right) , & n\text{为偶数}, \\ x_2\left(\dfrac{n-1}{2}\right), & n\text{为奇数}. \end{cases}$$

✦提示:

编程实现时，只要将存放 $x_1(n)$ 和 $x_2(n)$ 的两个数组的元素分别依次放入存放 $x(n)$ 的数组的偶数和奇数数组元素中即可.

7. 已知序列 $x(n) = \{1+\mathrm{j}, 2+2\mathrm{j}, 2+3\mathrm{j}, 1\}$，通过编写 MATLAB 程序完成 $x(n)$ 的 4 点 DFT 运算 $X(k)$ 以及 $X_{ep}(k)$ 和 $X_{op}(k)$ 的计算.

解答: 略.

第 2 篇　知识与能力提高

第 5 章　类型题及其详解

一、填空题（答案写在横线上）

1. 已知序列 $x(n) = \begin{cases} 1, & n = 0, \\ 2, & n = 1, \\ 3, & n = 2, \\ 0, & 其他, \end{cases}$ 那么它可以表示为单位采样序列移位加权和是 $\underline{x(n) = \delta(n) +}$ $\underline{2\delta(n-1) + 3\delta(n-2)}$，序列长度为 $\underline{3}$.

2. 任意序列常用单位采样序列及其移位加权和来表示，其表达式为 $\underline{x(n) = \sum\limits_{m=-\infty}^{\infty} x(m)\delta(n-m)}$.

3. 序列 $x(n) = 2\cos(0.05\pi n)$ 和 $h(n) = A\sin\left(\dfrac{\pi}{8}n - \dfrac{\pi}{4}\right)$ 的周期分别为 $\underline{40}$ 和 $\underline{16}$.

4. 已知序列 $x_1(n) = \{2,\underline{1},2,1\}$ 和 $x_2(n) = \{3,2,\underline{1},-1,2,1\}$，则可分别计算出 $\underline{x_1(-n) = \{1,2,\underline{1},2\}}$，$\underline{x_1(n) \times x_2(n) = \{4,\underline{1},-2,2\}}$.

5. 如果两个序列分别为 $x_1(n) = u(n-2)$ 和 $x_2(n) = \delta(n+3)$，那么 $x_1(n) * x_2(n) = $ $\underline{u(n+1)}$.

6. $\sum\limits_{n=-\infty}^{\infty} \delta(n-3) = \underline{1}$.

7. 如果 $x_a(t)$ 是严格带限的，即 $X_a(\mathrm{j}\Omega) = 0, |\Omega| > \Omega_0$，那么 $x_a(t)$ 可以唯一地从其采样 $x_a(nT_s)$ 中恢复的条件是采样频率 $\underline{\Omega_s = \dfrac{2\pi}{T_s} \geq 2\Omega_0}$.

8. 有一个 LTI 系统，其单位采样响应 $h(n) = \delta(n+8)$，由于 $n < 0$ 时，$h(n) = 0$，所以系统是 $\underline{因果}$ 系统；又因为 $\sum\limits_{n=-\infty}^{\infty} |h(n)| = \underline{1}$，所以系统是 $\underline{稳定}$ 系统.

9. 当 LTI 系统的单位冲激响应为 $h(n)$ 时，若系统输入为 $x(n)$，则系统零状态输出 $y(n)$ 为 $\underline{y(n) = x(n) * h(n)}$.

10. 判断线性时不变系统因果的充要条件为 $\underline{n < 0, h(n) = 0}$，稳定的充要条件为 $\underline{\sum\limits_{n=-\infty}^{\infty} |h(n)| < \infty}$.

11. 如果序列 $x(n)$ 的 $\sum\limits_{n=-\infty}^{\infty}|x(n)|^2 < \infty$ ，则 $x(n)$ 的离散时间傅里叶变换称为 <u>均方</u> 收敛的.

12. 已知序列 $\left\{\dfrac{1}{2}, \underline{0}, \dfrac{1}{2}\right\}$ ，求 $DTFT[x(n)] = \underline{\cos\omega}$.

13. 已知序列 $x(n) = \left\{\dfrac{1}{2}, \underline{0}, \dfrac{1}{2}\right\}$ ，求 $DFT[x(n)] = \underline{\cos\dfrac{2\pi}{3}k, k=0,1,2}$ 或 $\underline{\left\{1, -\dfrac{1}{2}, -\dfrac{1}{2}\right\}}$.

14. 对全部 n 来说，$x(n) = 1$ 的序列离散时间傅里叶变换为 $\underline{2\pi\delta(\omega)}$.

15. 已知序列 $\delta(n-3)$ ，试求 $\sum\limits_{n=-\infty}^{\infty}5\delta(n-3) = \underline{5}$ 和 $DTFT[5\delta(n-3)] = \underline{5e^{-j3\omega}}$.

16. 式 $\sum\limits_{n=-\infty}^{\infty}|x(n)|^2 = \dfrac{1}{2\pi}\int_{-\pi}^{\pi}\left|X(e^{j\omega})\right|^2$ 反映的是离散时间傅里叶变换的 <u>能量守恒特性</u> .

17. 序列 $x(n) = R_4(n)$ 的 Z 变换为 $\underline{\dfrac{1-z^{-4}}{1-z^{-1}}}$ ，$|z| > 0$.

18. 因果序列 $x(n)$ ，在 $z \to \infty$ 时，$X(z) = \underline{x(0)}$ ，因此因果序列的收敛域为圆外且包括无穷远.

19. 对序列 $x(n) = \delta(n-n_0)$ ，$0 < n_0 < N$ 的 N 点 DFT 为 $X(k) = \underline{e^{-j\frac{2\pi}{N}kn_0}}$ ，$0 \leqslant k \leqslant N-1$.

20. 已知序列 $x(n) = \{1,2,3,4,5\}$ ，则循环移位后的序列 $x((n+2))_5 R_5(n)$ 为 $\underline{\{3,4,5,1,2,\}}$.

21. 已知序列 $x(n) = \{-2,2,3,-1\}$ ，序列长度 $N = 4$ ，写出序列 $x((2-n))_N R_N(n)$ 的值 $\underline{\{3,2,-2,-1\}}$.

22. 设 $\tilde{x}(n)$ 是 $x(n)$ 以周期 $N = 8$ 的周期延拓序列，即 $\tilde{x}(n) = x((n))_8$ ，则有 $\tilde{x}(9) = x((9))_8 = \underline{x(1)}$.

23. DFT 利用 W_N^{nk} 的 <u>对称性</u> ，<u>可约性</u> 和 <u>周期性</u> 三个固有特性来实现 FFT 的快速运算.

24. 序列 $x(n)$ 满足 $x(n) = -x^*(-n)$ ，则 $x(n)$ 是 <u>共轭反对称</u> 序列.

25. Z 变换和 DTFT (Discrete Time Fourier Transform) 变换之间的关系用文字可描述为 <u>抽样序列在单位圆上的 Z 变换，就等于其理想抽样信号的傅里叶变换</u> .

26. 将 8 点的序列 $x(n)$ 进行倒位序排列：$\underline{x(0),x(4),x(2),x(6),x(1),x(5),x(3),x(7)}$.

27. 采样序列的 Z 变换和 DFT 的关系为 $\underline{Z = e^{-j\frac{2\pi}{N}k}}$.

28. 用 DFT 对连续信号进行谱分析产生的误差有三种，它们是 <u>混叠失真</u> 、截断效应（频谱泄漏）和 <u>栅栏效应</u> .

29. 数字滤波器设计指标一般包括 $\underline{\omega_c}$ 、$\underline{\omega_s}$ 、$\underline{\delta_c}$ 和 $\underline{\delta_s}$ 等四项.

30. 假设时域采样频率为 32kHz，现对输入序列的 32 个点进行离散傅里叶变换（DFT）运算，此时，$k = 3$ 处的数字频率 $\underline{\dfrac{3\pi}{16}}$ ，对应的频率为 $\underline{3\,\text{kHz}}$.

31. 在对连续信号进行频谱分析时，频谱分析范围受 <u>采样</u> 频率的限制.

32. $\int_{-\infty}^{\infty}\delta(\omega)\mathrm{d}\omega = \underline{1}$.

33. 假设时域采样频率为 32 kHz，现对输入序列的 32 个点进行 DFT 运算，此时 DFT 输出的各点频率间隔为 1000 Hz.

34. 频率分辨率用频率采样间隔 F 描述，如果保持采样点数 N 不变，要提高谱的分辨率，必须降低 采样速率 .

35. 某 DFT 的表达式是 $X(k)=\sum_{n=0}^{N-1}x(n)W_M^{nk}$ ，由此可看出，该序列的时域长度是 N ，变换后数字频域上相邻两个频率样点之间的间隔是 $\dfrac{2\pi}{M}$.

36. 如果希望某信号序列的离散谱是实偶的，那么该时域序列应满足条件 纯实数、偶对称 .

37. 说明下列数字信号处理领域中常用的英文缩写字母的中文含意：DSP 数字信号处理 ，IIR 无限长单位冲激响应滤波器 ，FIR 有限长单位冲激响应滤波器 ，DFS 离散傅里叶级数 ，FFT 快速傅里叶变换 ，LTI 线性时不变系统 .

38. N 点 FFT 的运算量大约是 $\dfrac{N}{2}\log_2 N$ 次复数乘法运算和 $N\log_2 N$ 次复数加法运算.

39. 在采样频率为 f_s Hz 的数字系统中，$H(z)$ 系统的函数表达式中 z^{-1} 代表的物理意义是 延时一个采样周期 ，且 $T=\dfrac{1}{f_s}$ ，其中时域数字序列 $x(n)$ 的序号 n 代表的样值实际位置是 $nT=\dfrac{n}{f_s}$ ；$x(n)$ 的 N 点 DFT 的 $X(k)$ 中，序号 k 代表的样值实际位置又是 $\omega_k=\dfrac{2\pi}{N}k$.

40. 用 8kHz 的抽样率对模拟语音信号抽样，为进行频谱分析，计算了 512 点的 DFT，则频域抽样点之间的频率间隔 F 为 15.625 Hz ，数字角频率间隔 $\Delta\omega$ 为 0.0123 rad 和模拟角频率间隔 $\Delta\Omega$ 为 98.4 rad/s .

注解：$F=\dfrac{f_s}{N}=\dfrac{8000}{512}=15.625$ ，$\Delta\omega=2\pi\dfrac{F}{f_s}=0.0123$ rad， $\dfrac{\Delta\Omega}{T}=\Delta\Omega f_s=98.4$ rad/s.

41. 由频域采样 $X(k)$ 恢复 $X(e^{j\omega})$ 时可利用内插公式，它是用 $X(k)$ 值对 内插 函数加权后求和.

注解：$X(e^{j\omega})=\sum_{k=0}^{N-1}X(k)\varphi_k(\omega)$.

42. 频域 N 点采样造成时域的周期延拓，其周期是 频域采样点数 N 与时域采样周期 T 的乘积 .

注解：$x_N(n)=\tilde{x}(n)R_N(n)=\sum_{r=-\infty}^{\infty}x(n+rN)R_N(n)$.

43. 假如某个系统的系统函数 $H(z)$ 表示式为 $H(z)=\dfrac{1-\dfrac{1}{4}z^{-2}}{\left(1+\dfrac{1}{4}z^{-2}\right)\left(1+\dfrac{5}{4}z^{-1}+\dfrac{3}{8}z^{-2}\right)}$ ，则使得系统稳定的收敛域是 $\dfrac{1}{2}<|z|<\dfrac{3}{4}$ ，使得系统因果的收敛域 $|z|>\dfrac{3}{4}$.

二、单项选择题（答案写在括号中）

1. 关于序列，下面说法正确的是（ D ）.

A. 可看作对模拟信号的采样 　　　　 B. 时域的离散化造成频域的周期延拓

C. 频域的非周期对应时域的连续 　　 D. 上述答案都对

2. 信号 $x(t) = \cos(500 \times 2 \times \pi t) \times \sin(400 \times 2 \times \pi t)$ 的采样频率是（ B ）.

A. 1800π 　　　　 B. 1800 　　　　 C. 1000 　　　　 D. 800

3. $x(n) = \cos(0.125\pi n)$，该序列是（ C ）.

A. 周期为 0.125 　　 B. 周期为 8 　　　　 C. 周期为 16 　　　　 D. 非周期序列

4. $x(n) = e^{j\left(\frac{n}{3} - \frac{\pi}{6}\right)}$，该序列是（ A ）.

A. 非周期序列 　　 B. 周期 $N = \frac{\pi}{6}$ 　　 C. 周期 $N = 6\pi$ 　　 D. 周期 $N = 2\pi$

5. 若一线性时不变系统当输入为 $x(n) = \delta(n)$ 时输出为 $y(n) = R_3(n)$，则当输入为 $u(n) - u(n-2)$ 时输出为（ C ）.

A. $R_3(n)$ 　　　 B. $R_2(n)$ 　　　 C. $R_3(n) + R_3(n-1)$ 　　 D. $R_2(n) + R_2(n-2)$

6. $x(n) = x^*(-n)$ 是 C .

A. 偶序列 　　　 B. 奇序列 　　　 C. 共轭对称序列 　　 D. 共轭反对称序列

7. 序列 $x(n)$ 的变换 $X(e^{j\omega}) = \sum_{n=-\infty}^{\infty} x(n)e^{-j\omega n}$ 为 C .

A. 傅里叶变换 　　　　　　 B. 拉普拉斯变换

C. 离散时间傅里叶变换 　　 D. 离散傅里叶变换

8. 序列 $x(n)$ 的变换 $X(k) = DFT[x(n)] = \sum_{n=0}^{N-1} x(n)W_N^{nk} R_N(n)$ 为 D .

A. 傅里叶变换 　　　　　　 B. 快速傅里叶变换

C. 离散时间傅里叶变换 　　 D. 离散傅里叶变换

9. 如果序列离散时间傅里叶变换不存在，则 $x(n)$ 有可能为 A .

A. 无限长的 　　 B. 有限长的 　　 C. 稳定的 　　　 D. 绝对可加的

10. $\delta(n)$ 的 Z 变换是（ A ）.

A. 1 　　　　 B. $\delta(\omega)$ 　　　 C. $2\pi\delta(\omega)$ 　　　 D. 2π

11. 序列 $x_1(n)$ 的长度为 5，序列 $x_2(n)$ 的长度为 3，则它们的线性卷积的长度是（ D ）.

A. 3 　　　　 B. 5 　　　　 C. 8 　　　　 D. 7

12. 一个离散线性时不变系统稳定的充分必要条件是其系统函数的收敛域包括（ C ）.

A. 实轴 　　　　 B. 原点 　　　　 C. 单位圆 　　　 D. 虚轴

13. 对 LTI 系统输入为 $x(n)$ 时输出为 $y(n)$，则可确定输入为 $2x(n-3)$ 时对应的输出为（ B ）.

A. $y(n-3)$ 　　　 B. $2y(n-3)$ 　　 C. $2y(n)$ 　　　 D. $y(n)$

14. 判断下列哪一个系统是因果系统（ D ）.

A. $y(n) = x(-n)$
B. $y(n) = \sin(n+3)x(n)$

C. $y(n) = 2x(n+3)$
D. $y(n) = 2x(n-3)$

15. 当前输出只与当前和之前输入有关的系统称为（ C ）.

A. 稳定系统
B. 线性系统

C. 因果系统
D. 时不变系统

16. 有界输入产生有界输出的系统称为（ B ）.

A. 因果系统
B. 稳定系统

C. 可逆系统
D. 线性系统

17. 对于 M 点的有限长序列，频域采样不失真恢复时域序列的条件是频域采样点数 N 必须（ A ）.

A. 不小于 M
B. 必须大于 M

C. 只能等于 M
D. 必须小于 M

18. 系统函数 $H(z) = A\dfrac{\prod\limits_{k=1}^{q}(1-\beta_k z^{-1})}{\prod\limits_{k=1}^{p}(1-a_k z^{-1})}$ 中，（ A ）.

A. α_k 在单位圆内的系统稳定
B. α_k 称为系统的零点

C. β_k 称为系统的极点
D. β_k 在单位圆内的系统是稳定的

19. 一个序列 $x(n)$ 的离散傅里叶变换的定义为（ B ）.

A. $X(e^{j\omega}) = \sum\limits_{n=-\infty}^{\infty} x(n)e^{-j\omega n}$
B. $X(k) = \sum\limits_{n=0}^{N-1} x(n)e^{-j\frac{2\pi}{N}nk}$

C. $X(z) = \sum\limits_{n=-\infty}^{\infty} x(n)z^{-n}$
D. $X(z_k) = \sum\limits_{n=0}^{N-1} x(n)A^{-n}W^{kn}$

20. 频谱分析范围受采样频率 f_s 的限制，为了不产生频率混叠失真，通常要求信号的最高频率 f_c 为（ D ）.

A. $f_c > f_s$
B. $f_c > \dfrac{f_s}{2}$

C. $f_c < f_s$
D. $f_c < \dfrac{f_s}{2}$

21. 一个序列 $x(n)$ 的离散时间傅里叶变换存在的条件是（ B ）.

A. $x(n)$ 对应的是线性移不变系统
B. $x(n)$ 是绝对可和的

C. $x(n)$ 是无限长的
D. $x(n)$ 是均方可加的

22. 下面描述中最适合离散傅里叶变换 DFT 的是（ D ）.

A. 时域为离散序列，频域为连续信号

B. 时域为离散周期序列，频域也为离散周期序列

C. 时域为离散无限长序列，频域为连续周期信号

D. 时域为离散有限长序列，频域也为离散有限长序列

23. 若一模拟信号为带限信号，且对其采样满足奈奎斯特条件，理想条件下将采样信号通过（ A ）即可完全不失真恢复原信号.

 A. 理想低通滤波器   B. 理想高通滤波器

 C. 理想带通滤波器   D. 理想带阻滤波器

24. 已知序列 Z 变换的收敛域为 $|z| > 2$，则该序列为（ D ）.

 A. 有限长序列   B. 无限长序列

 C. 反因果序列   D. 因果序列

25. 设因果稳定的 LTI 系统的单位采样响应为 $h(n)$，则当 $n<0$ 时，$h(n) =$（ D ）.

 A. 1   B. ∞ C. $-\infty$ D. 0

26. 计算 $N = 2^M$（M 为整数）点的按时间抽取基-2FFT 需要（ A ）级蝶形运算.

 A. M B. $\dfrac{M}{2}$ C. N D. $\dfrac{N}{2}$

27. 最小相位系统的描述是（ C ）.

 A. 极点在单位圆外，零点在单位圆外

 B. 极点在单位圆外，零点在单位圆内

 C. 极点在单位圆内，零点在单位圆内

 D. 极点在单位圆内，零点在单位圆外

28. 在对连续信号进行频谱分析时，主要关心的两个问题是频谱分析范围和频率分辨率，其中，频谱分析范围受采样频率 f_s 的限制. 为了不产生频率混叠失真，通常要求信号的最高频率 $f_c < \dfrac{f_s}{2}$，而频率分辨率用频率采样间隔 F 描述，（ A ）.

 A. 如维持 f_s 不变，为提高分辨率，要求 $T_p \geq \dfrac{1}{F}$

 B. 如维持 f_s 不变，为提高分辨率，应减少采样点数 N

 C. 只有增加对信号的观察时间 T_p，才能降低 N

 D. 如维持 f_s 不变，为提高分辨率，要求 $N < \dfrac{2f_c}{F}$

29. 用 FFT 实现两个序列的线性卷积，需要做的 FFT 次数是（ C ）.

 A. 1   B. 2   C. 3   D. 4

30. 用按时间抽取 FFT 计算 N 点 DFT 所需的复数乘法运算次数是（ D ）.

 A. N B. N^2 C. $N \log_2 N$ D. $\dfrac{N}{2}\log_2 N$

31. 某 DFT 表达式为 $X(k) = \sum_{n=0}^{N-1} x(n) W_M^{nk}$, $k = 0,1,\cdots,M$ ，则变换后数字域上相邻两个频率点之间的间隔是（ C ）.

A. $\dfrac{2\pi}{N}$ B. $\dfrac{2\pi}{K}$ C. $\dfrac{2\pi}{M}$ D. 以上皆错

32. IIR 滤波器的特点有（ D ）.

A. 单位冲激响应无限长   B. 系统函数在有限 z 平面有极点存在

C. 结构是递归型的   D. 上述答案均正确

33. 滤波器的性能，往往以频率响应的幅度特性的（ B ）来表征.

A. 带宽   B. 容许误差

C. 平方响应   D. 上述答案中的 A 和 B 正确

34. 一个计算机平均每次复数乘法运算需要 $5\,\mu s$ ，每次复数加法运算需要 $1\mu s$ ，如果用 FFT 来计算它的 $N = 1024$ 点 DFT，需要（ B ）时间.

A. 6.29 s   B. 35.84 ms   C. 76.8 ms   D. 34.2 ms

35. 若序列 $x(n) = \{x(0), x(1), x(2), x(3), x(4), x(5), x(6), x(7)\}$ ，其长度为 N，且作 $N=8$ DFT 采用时间抽取基 2 FFT 算法的输入顺序是（ B ）.

A. $\{x(0), x(1), x(2), x(3), x(4), x(5), x(6), x(7)\}$

B. $\{x(0), x(4), x(2), x(6), x(1), x(5), x(3), x(7)\}$

C. $\{x(0), x(4), x(2), x(3), x(1), x(5), x(6), x(7)\}$

D. $\{x(6), x(4), x(0), x(2), x(1), x(5), x(3), x(7)\}$

36. 已知 $x(n) = \{1, \underline{2}, 3, 4\}$ ，则 $x(n) * \delta(n-1)$ 的值为（ B ）.

A. $\{1, \underline{2}, 3, 4\}$ B. $\{\underline{1}, 2, 3, 4\}$ C. $\{1, 2, \underline{3}, 4\}$ D. $\{1, 2, 3, \underline{4}\}$

三、判断题（答案放在括号内）

1. 一个线性时不变（LTI）系统的输出等于输入信号与系统单位阶跃响应的线性卷积.（ × ）

2. 对于一个系统而言，如果系统在某时刻的输出仅取决于此时刻及其以前的输入，则称该系统为因果系统.（ √ ）

3. 序列的傅里叶变换是频率 ω 的周期函数，且周期是 2π.（ √ ）

4. 常系数差分方程表示的系统为线性时不变系统.（ × ）

5. 在频谱分析中，对序列进行补零处理，既可以减小栅栏效应，又可以提高频率分辨力.（ × ）

6. 对于频率采样而言，如果保持采样点数 N 不变，要提高谱的分辨率，必须提高采样频率.（ × ）

7. DIT-FFT 与 DIF-FFT 算法的运算流图互为转置.（ √ ）

8. 对正弦信号进行采样得到的正弦序列一定是周期序列.（ × ）

9. $x(n) = \sin(\omega_0 n)$ 所代表的序列不一定是周期的. （ √ ）

10. FFT 是一种新的傅里叶变换. （ × ）

11. 时域的卷积对应于频域的乘积. （ √ ）

12. 按频率抽取基 2 FFT，首先将序列 $x(n)$ 分成奇数序列和偶数序列. （ × ）

13. 如果 Z 变换的表达式相同，那么一定对应相同的时间序列. （ × ）

14. $y(n) = \cos[x(n)]$ 所代表的系统是非线性系统. （ √ ）

15. DFT 的运算量与变换区间长度的平方成正比. （ √ ）

16. 稳定的序列都有离散时间傅里叶变换. （ √ ）

17. 时域离散导致频域周期延拓. （ √ ）

18. 如果有一个实值序列，对于所有 n 满足式 $x(n) = x(-n)$，则称该序列为奇序列. （ × ）

19. $e^{j(\omega_0 + 2\pi M)n} = e^{j\omega_0 n}$，$M = 0, \pm 1, \pm 2, \cdots$. （ √ ）

20. IIR 和 FIR 是数字滤波器的两大类，前者称为无限长脉冲响应滤波器，后者为有限长脉冲响应滤波器. （ √ ）

21. 一个信号序列，如果能用序列傅里叶变换对它进行分析，也就能作 DFT 对它进行分析. （ × ）

注释：如果序列是有限长的，就能作 DFT 对它进行分析；否则，频域采样将造成时域信号的混叠，产生失真.

22. 模拟信号也可以与数字信号一样在计算机上进行数字信号处理，只不过要增加一道采样工序. （ × ）

23. 如果保持采样点数 N 不变，要提高谱的分辨率，必须降低采样速率. （ √ ）

24. 假设序列 $x(n)$，其 $X(k) = DFT[x(n)]$ 的 $X(k)$ 的模是周期偶序列，$X(k)$ 的幅角是周期奇序列. （ √ ）

四、验证题

1. 判断系统 $y(n) = nx(n)$ 是否是线性时不变的？

解：因为

$$y_1(n) = nx_1(n) = T[x_1(n)], \quad y_2(n) = nx_2(n) = T[x_2(n)],$$

所以
$$T[a_1 x_1(n) + a_2 x_2(n)] = a_1 nx_1(n) + a_2 nx_2(n)$$
$$= a_1 y_1(n) + a_2 y_2(n)$$
$$= a_1 T[x_1(n)] + a_2 T[x_2(n)],$$

故该系统为线性系统.

因为 $T[x(n)] = nx(n) = y(n)$，所以

$$T[x(n-m)] = nx(n-m).$$

又因为
$$y(n-m) = (n-m)x(n-m),$$

所以
$$T[x(n-m)] \neq y(n-m).$$

故该系统不是时不变系统.

2. 设系统描述为 $y(n) = x^2(n)$，判断该系统是否是线性时不变的?

解：设 $T[x_1(n)] = x_1^2(n)$，$T[x_2(n)] = x_2^2(n)$，则

$$T[x_1(n) + x_2(n)] = [x_1(n) + x_2(n)]^2$$

$$= x_1^2(n) + x_2^2(n) + 2x_1(n)x_2(n)$$

$$\neq T[x_1(n)] + T[x_2(n)].$$

所以该系统不满足可加性，故系统不是线性系统.

（或者 $T[\alpha x(n)] = \alpha x^2(n) \neq \alpha^2 x^2(n) = \alpha T[x(n)]$，不满足比例性，所以系统不是线性系统.）

又因为

$$T[x(n-m)] = [x(n-m)]^2 = x^2(n-m) = y(n-m),$$

故系统是时不变系统.

3. 判断系统 $T[x(n)] = \sum_{k=n_0}^{n} x(k)$ 是否是因果稳定的?

解：当 $n \geqslant n_0$ 时，输出只取决于当前输入和以前的输入，而当 $n < n_0$ 时，输出还取决于未来输入，所以是非因果系统.

当 $|x(k)| = M < \infty$ 时，

$$|T[x(n)]| = \left| \sum_{k=n_0}^{n} x(k) \right| \leqslant \sum_{k=n_0}^{n} |x(k)| \leqslant (|n - n_0| + 1)M < \infty,$$

但当 $n \rightarrow \infty$ 时，$|T[x(n)]| \rightarrow \infty$，所以系统是不稳定系统.

4. 某线性时不变因果系统的系统函数为：$H(z) = \dfrac{1 - a^{-1}z^{-1}}{1 - az^{-1}}$，式中 a 为正实数. 判断使系统稳定的 a 的取值范围，并画出表示该系统的零极点分布图.

解：因为系统是因果系统，所以 $H(z) = \dfrac{1 - a^{-1}z^{-1}}{1 - az^{-1}}$ 的收敛域为 $|z| > a$.

由系统是稳定的，且收敛域包含单位圆，可知使系统是稳定的 a 的取值范围为 $0 < a < 1$.

当 $0 < a < 1$ 时，令 $1 - a^{-1}z^{-1} = 0$，解得系统的零点为 $\dfrac{1}{a}$；令 $1 - az^{-1} = 0$，解得系统的极点为 a. 极

点和零点的分布图如下图所示.

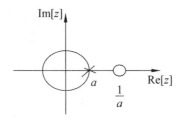

5. 以序列 $x(n) = \{\underline{1}, 2, 3\}$ 的 4 点 DFT 为例，来验证 DFT 形式下的帕斯维尔定理.

解：由 DFT 的定义式 $X(k) = DFT[x(n)] = \sum\limits_{n=0}^{N-1} x(n)W_N^{nk}$ 可知：

$$X(k) = DFT[x(n)] = \sum_{n=0}^{N-1} x(n)W_N^{nk} = \sum_{n=0}^{3} x(n)e^{-j\frac{\pi}{2}nk}$$

$$= 1 + 2e^{-j\frac{\pi}{2}k} + 3e^{-j\pi k}k \ , \ k = 0, 1, 2, 3.$$

所以，当 $k=0$ 时，$X(0) = 1 + 2 + 3 = 6$ ；

当 $k=1$ 时，$X(1) = 1 + 2e^{-j\frac{\pi}{2}} + 3e^{-j\pi} = 1 + 2 \times (-j) + 3 \times (-1) = -2 - 2j$ ；

当 $k=2$ 时，$X(2) = 1 + 2e^{-j\pi} + 3e^{-j2\pi} = 1 + 2 \times (-1) + 3 = 2$ ；

当 $k=3$ 时，$X(3) = 1 + 2e^{-j\frac{3\pi}{2}} + 2e^{-j3\pi} = 1 + 2j + 3 \times (-1) = -2 + 2j$.

故 $\qquad X(k) = \{6, -2 - 2j, 2, -2 + 2j\}$.

因为离散帕斯维尔定理为

$$\sum_{n=0}^{N-1} |x(n)|^2 = \frac{1}{N} \sum_{k=0}^{N-1} |X(k)|^2 \ ,$$

所以需验证：

$$左边 = \sum_{n=0}^{N-1} |x(n)|^2 = \sum_{n=0}^{4-1} |x(n)|^2 = |x(0)|^2 + |x(1)|^2 + |x(2)|^2 + |x(3)|^2 = 1 + 2^2 + 3^2 = 14 \ ,$$

$$右边 = \frac{1}{N} \sum_{k=0}^{N-1} |X(k)|^2 = \frac{1}{4} \sum_{n=0}^{4-1} |X(k)|^2 = \frac{1}{4}[|X(0)|^2 + |X(1)|^2 + |X(2)|^2 + |X(3)|^2]$$

$$= \frac{1}{4}(36 + (\sqrt{2^2 + 2^2})^2 + 2^2 + (\sqrt{2^2 + 2^2})^2) = 14 \ ,$$

由此可见，左边=右边，即离散帕斯维尔定理成立.

6. 如果 $x(n)$ 是一个周期为 N 的周期序列，则它也是周期为 $2N$ 的周期序列，把 $x(n)$ 看作周期为 N 的周期序列，其 DFT 为 $X_1(k)$ ，再把 $x(n)$ 看作周期为 $2N$ 的周期序列，其 DFT 为 $X_2(k)$ ，验证利用 $X_1(k)$ 确定 $X_2(k) = \sum\limits_{m=0}^{N-1} x\left(\frac{m}{2}\right) W_M^{\frac{m}{2}k} = X_1\left(\frac{k}{2}\right)$.

解：由 DFT 定义分别得

$$X_1(k) = \sum_{n=0}^{N-1} x(n) W_N^{nk}, \quad X_2(k) = \sum_{n=0}^{2N-1} x(n) W_{2N}^{nk}.$$

现令 $m = 2n$，则 $M = 2N$，则有

$$X_2(k) = \sum_{m=0}^{N-1} x\left(\frac{m}{2}\right) W_M^{\frac{m}{2}k} = X_1\left(\frac{k}{2}\right).$$

五、计算题

1. 一个线性时不变系统由下列差分方程描述：

$$y(n) - \frac{3}{4} y(n-1) + \frac{1}{8} y(n-2) = x(n) + \frac{1}{3} x(n-1),$$

试求：（1）系统函数 $H(z)$；

（2）若系统是因果稳定系统，指出其零极点和收敛域；

（3）该系统的频率响应函数；

（4）用留数法求 $h(n)$.

解：（1）取 Z 变换得

$$\left(1 - \frac{3}{4} z^{-1} + \frac{1}{8} z^{-2}\right) Y(z) = \left(1 + \frac{1}{3} z^{-1}\right) X(z).$$

则系统函数为

$$H(z) = \frac{1 + \frac{1}{3} z^{-1}}{1 - \frac{3}{4} z^{-1} + \frac{1}{8} z^{-2}}.$$

（2）零点：$z = \frac{1}{3}, 0$；极点：$z = \frac{1}{2}, \frac{1}{4}$.

因为是因果系统，所以收敛域为 $0.5 < |z| \leqslant \infty$.

（3）$H(\mathrm{e}^{\mathrm{j}\omega}) = \dfrac{1 + \dfrac{1}{3} \mathrm{e}^{-\mathrm{j}\omega}}{1 - \dfrac{3}{4} \mathrm{e}^{-\mathrm{j}\omega} + \dfrac{1}{8} \mathrm{e}^{-\mathrm{j}2\omega}}.$

（4）令 $F(z) = H(z) z^{-1}$，将 $H(z)$ 代入整理得

$$F(z) = \frac{\left(1 + \frac{1}{3} z^{-1}\right) z^{n-1}}{1 - \frac{3}{4} z^{-1} + \frac{1}{8} z^{-2}} = \frac{\left(z + \frac{1}{3}\right) z^n}{\left(z - \frac{1}{2}\right)\left(z - \frac{1}{4}\right)}.$$

则 $F(z)$ 的极点为 $\begin{cases} \dfrac{1}{2}, \dfrac{1}{4}, & \text{当} n \geqslant 0, \\ \dfrac{1}{2}, \dfrac{1}{4}, 0(n \text{ 阶}), & \text{当} n < 0. \end{cases}$

因此，当 $n \geqslant 0$ 时， $h(n) = \operatorname{Res}\left[F(z), \dfrac{1}{2}\right] + \operatorname{Res}\left[F(z), \dfrac{1}{4}\right] = \dfrac{10}{3}\left(\dfrac{1}{2}\right)^n - \dfrac{7}{3}\left(\dfrac{1}{4}\right)^n$ ；

当 $n < 0$ 时，因为 $h(n)$ 是因果序列，所以系统 $h(n) = 0$.

综合上述两种情况，最后得

$$h(n) = \left[\dfrac{10}{3}\left(\dfrac{1}{2}\right)^n - \dfrac{7}{3}\left(\dfrac{1}{4}\right)^n\right]u(n).$$

2. 已知两个序列 $x_1(n) = x_2(n) = \{1, \underline{1}, 1\}$ ，试求：

（1）按定义求 $X_1(\mathrm{e}^{\mathrm{j}\omega}) = DTFT[x_1(n)]$ ；

（2）利用时域卷积定理计算 $y(n) = x_1(n) * x_2(n)$.

解：（1）应用定义求得 $x_1(n)$ 的 DTFT 为

$$X_1(\mathrm{e}^{\mathrm{j}\omega}) = 1 + 2\cos\omega .$$

（2） $Y(\mathrm{e}^{\mathrm{j}\omega}) = X_1(\mathrm{e}^{\mathrm{j}\omega})X_2(\mathrm{e}^{\mathrm{j}\omega}) = (1 + 2\cos\omega)^2$

$$= 3 + 4\cos\omega + 2\cos 2\omega$$

$$= 3 + 2(\mathrm{e}^{\mathrm{j}\omega} + \mathrm{e}^{-\mathrm{j}\omega}) + (\mathrm{e}^{\mathrm{j}2\omega} + \mathrm{e}^{-\mathrm{j}2\omega}) .$$

再考虑将定义式 $Y(\mathrm{e}^{\mathrm{j}\omega}) = DTFT[y(n)] = \displaystyle\sum_{n=-\infty}^{\infty} y(n)\,\mathrm{e}^{-\mathrm{j}\omega n}$ 展开，即

$$Y(\mathrm{e}^{\mathrm{j}\omega}) = \cdots + y(-3)\mathrm{e}^{\mathrm{j}3\omega} + y(-2)\mathrm{e}^{\mathrm{j}2\omega} + y(-1)\mathrm{e}^{\mathrm{j}\omega} + y(0) + y(1)\mathrm{e}^{-\mathrm{j}\omega} + y(2)\mathrm{e}^{-\mathrm{j}2\omega} + \cdots + y(3)\mathrm{e}^{-\mathrm{j}3\omega} .$$

将以上两式一一对应，即得出

$$y(-2) = 1, y(-1) = 2, y(0) = 3, y(1) = 2, y(2) = 1 .$$

所以，两个序列的卷积 $y(n) = \{1, 2, \underline{3}, 2, 1\}$.

3. 一个有限长序列 $x(n) = \delta(n) + 2\delta(n-5)$ ，问：

（1）计算有限长序列的 10 点离散傅里叶变换 $X(k)$ ；

（2）若序列 $y(n)$ 的 DFT 为 $Y(k) = \mathrm{e}^{\mathrm{j}\frac{2\pi}{10}2k}X(k)$ ，其中 $X(k)$ 同第（1）问，求序列 $y(n)$ ；

（3）若序列 $m(n)$ 的 10 点离散傅里叶变换为 $M(k) = X(k)Y(k)$ ，求序列 $m(n)$.

解：（1） $X(k) = \displaystyle\sum_{n=0}^{N-1} x(n)W_N^{nk} = \sum_{n=0}^{9} x(n)\mathrm{e}^{-\mathrm{j}\frac{2\pi}{10}nk} = \sum_{n=0}^{9}\left[\delta(n) + 2\delta(n-5)\right]\mathrm{e}^{-\mathrm{j}\frac{2\pi}{10}nk}$

$$= 1 + 2\mathrm{e}^{-\mathrm{j}\frac{2\pi}{10}\cdot 5k} = 1 + 2\cdot(-1)^{-k} , \quad k = 0, 1, \cdots, 9 .$$

（2）因为 $DFT[x((n+m))_N R_N(n)] = W_N^{-mk}X(k)$ ，所以

$$Y(k) = \mathrm{e}^{\mathrm{j}\frac{2\pi}{10}\cdot 2k}X(k) = W_N^{-2k}X(k) ,$$

所以 $\qquad y(n) = x((n+2))_{10} R_{10}(n) = 2\delta(n-3) + \delta(n-8) .$

（3）由 $M(k) = X(k)Y(k)$ 可以知道，$m(n)$ 是 $x(n)$ 与 $y(n)$ 的 10 点循环卷积.

一种方法是先计算 $x(n)$ 与 $y(n)$ 的线性卷积. 其过程如下：

$$u(n) = x(n) * y(n) = \sum_{l=-\infty}^{\infty} x(l)y(n-l) = \{0,0,1,0,0,0,0,4,0,0,0,0,4\}.$$

然后由下式得到 10 点循环卷积：

$$m(n) = \left[\sum_{l=-\infty}^{\infty} u(n-10l)\right]R_{10}(n) = \{0,0,5,0,0,0,0,4,0,0\} = 5\delta(n-2) + 4\delta(n-7).$$

另一种方法是先计算 $y(n)$ 的 10 点离散傅里叶变换，即

$$Y(k) = \sum_{n=0}^{N-1} y(n)W_N^{nk} = \sum_{n=0}^{9} [\delta(n-2) + 2\delta(n-7)]W_{10}^{nk} = W_{10}^{2k} + 2W_{10}^{7k}.$$

再计算乘积：

$$M(k) = X(k)Y(k) = (1 + 2W_{10}^{5k})(W_{10}^{2k} + 2W_{10}^{7k})$$

$$= W_{10}^{2k} + 2W_{10}^{7k} + 2W_{10}^{7k} + 4W_{10}^{12k} = 5W_{10}^{2k} + 4W_{10}^{7k}.$$

由此得
$$m(n) = 5\delta(n-2) + 4\delta(n-7).$$

4. 某两个序列的线性卷积为

$$y_l(n) = h(n) * x(n) = \delta(n) + \delta(n-1) + 2\delta(n-2) + 2\delta(n-3) + 3\delta(n-5),$$

计算这两个序列的 4 点圆周卷积.

解：将序列 $y_l(n+rL)$ 的值列在表中，求 $n = 0, 1, 2, 3$ 时这些值的和. 只有序列 $y_l(n)$ 和 $y_l(n+4)$ 在 $0 \leqslant n \leqslant 3$ 区间内有非零值，所以只需列出这些值，即：

n	0 1 2 3	4 5 6 7
$y_l(n)$	1 1 2 2	0 3 0 0
$y_l(n+4)$	0 3 0 0	0 0 0 0
$y(n)$	1 4 2 2	— — — —

将 $0 \leqslant n \leqslant 3$ 区间内各列的值相加，有

$$y(n) = h(n) ④ x(n) = \delta(n) + 4\delta(n-1) + 2\delta(n-2) + 2\delta(n-3).$$

5. 两个有限长序列 $x_1(n)$ 和 $x_2(n)$ 如下图所示，试计算它们的 6 点圆周卷积，并用波形表示结果.

解：由 $\tilde{x}_1(n) = x_1((n))_6$，$\tilde{x}_2(n) = x_2((n))_6 = 3\delta((n-3))_6$，得

$$y(n) = [\tilde{x}_1(n) * \tilde{x}_2(n)]R_6(n)$$

$$= [x_1((n))_6 * 3\delta((n-3))_6]R_6(n)$$

$$= 3x_1((n-3))_6 R_6(n).$$

其波形如下图所示.

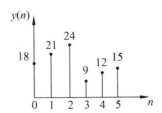

6．设有一个谱分析用的信号处理器，抽样点数必须为 2 的整数幂，假定没有采用任何特殊数据处理措施，要求频率分辨率 ≤10Hz．如果采用的抽样时间间隔为 0.1 ms，试确定：

（1）最小记录长度；

（2）所允许处理的信号的最高频率；

（3）在一个记录中的最少点数．

解：（1）因为 $T_0 = \dfrac{1}{F_0}$，而 $F_0 \leqslant 10$ Hz，所以 $T_0 \geqslant 0.1$ s，即最小记录长度为 0.1 s.

（2）因为 $f_s = \dfrac{1}{T} = \dfrac{1}{0.1} \times 10^3 = 10$ kHz，而 $f_s \geqslant 2f_h$，所以

$$f_h \leqslant \frac{1}{2}f_s = 5 \text{ kHz}.$$

即允许处理的信号的最高频率为 5 kHz.

（3）$N \geqslant \dfrac{T_0}{T} = \dfrac{0.1}{0.1} \times 10^3 = 1000$．又因为 N 必须为 2 的整数幂，所以一个记录中的最少点数为 1024.

7. 有两个序列 $x(n) = \alpha^n u(n)$，$h(n) = \delta(n) - \alpha\delta(n-1)$，试求：

（1）上述两个序列的 Z 变换，指出其收敛域；

（2）上述两个序列卷积的 Z 变换，指出其收敛域．

解：（1）由 Z 变换定义式易求出

$$X(z) = \frac{1}{1 - \alpha z^{-1}}, \quad |z| > \alpha.$$

又 $ZT[\delta(n)] = 1$，再由 Z 变换移位性质得

$$H(z) = 1 - \alpha z^{-1}, \quad |z| > 0.$$

（2）由序列 Z 变换的卷积性质知

$$X(z) * H(z) = \frac{1}{1 - \alpha z^{-1}} \cdot (1 - \alpha z^{-1}) = 1.$$

显而易见，其零极点对消，所以收敛域变成了整个 z 平面.

8. 已知 $X(z) = \dfrac{z^2}{(4-z)\left(z-\dfrac{1}{4}\right)}$，收敛域 $|z| > 4$，求其 Z 逆变换，即求 $x(n)$.

解：（方法 1：留数法）

当 $z \to \infty$ 时，收敛域 $|z| > 4$，所以 $x(n)$ 是右边序列.

又 $\lim\limits_{z \to \infty} |X(z)| \to 0$，所以 $x(n)$ 是因果序列. 因此当 $n < 0$ 时，$x(n) = 0$.

令辅助函数 $F(z) = X(z) z^{n-1}$，将 $X(z)$ 代入 $F(z)$ 并化简得

$$F(z) = \frac{z}{(4-z)\left(z-\dfrac{1}{4}\right)} \times z^n.$$

故当 $n \geq 0$ 时，$F(z)$ 的极点为 4 和 $\dfrac{1}{4}$，它们都是围线 c 内的一阶极点，如下图所示.

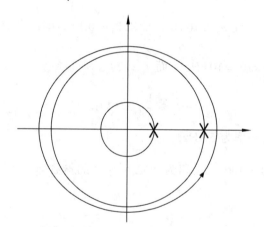

所以

$$x(n) = \text{Res}\left[F(z), \frac{1}{4}\right] + \text{Res}[F(z), 4]$$

$$= \left(z - \frac{1}{4}\right) \times \frac{z}{(4-z)\left(z-\dfrac{1}{4}\right)} \times z^n \Big|_{z=\frac{1}{4}} + (z-4) \times \frac{z}{(4-z)\left(z-\dfrac{1}{4}\right)} \times z^n \Big|_{z=4}$$

$$= \frac{1}{15}(4^{-n} - 4^{n+2}).$$

综合上述两种情况，最后得

$$x(n) = \frac{1}{15}(4^{-n} - 4^{n+2})u(n).$$

（**方法 2：部分分式法**）

$$\frac{X(z)}{z} = \frac{z}{(4-z)\left(z-\frac{1}{4}\right)} = -\frac{z}{(z-4)\left(z-\frac{1}{4}\right)} = \frac{A}{z-4} + \frac{B}{z-\frac{1}{4}},$$

式中 A 和 B 是待定系数.

因为

$$A = \mathrm{Res}\left[\frac{X(z)}{z}, 4\right] = -\frac{z}{(z-4)\left(z-\frac{1}{4}\right)} \times (z-4)\Big|_{z=4} = -\frac{z}{\left(z-\frac{1}{4}\right)}\Big|_{z=4} = -\frac{16}{5};$$

$$B = \mathrm{Res}\left[\frac{X(z)}{z}, \frac{1}{4}\right] = -\frac{z}{(z-4)\left(z-\frac{1}{4}\right)} \times \left(z-\frac{1}{4}\right)\Big|_{z=\frac{1}{4}} = -\frac{z}{(z-4)}\Big|_{z=\frac{1}{4}} = \frac{1}{15}.$$

所以

$$\frac{X(z)}{z} = -\frac{16}{15} \times \frac{1}{z-4} + \frac{1}{15} \times \frac{1}{z-\frac{1}{4}}.$$

易得

$$X(z) = -\frac{16}{15} \times \frac{z}{z-4} + \frac{1}{15} \times \frac{z}{z-\frac{1}{4}}.$$

查表得

$$x(n) = \frac{1}{15}(-16 \times 4^n)u(n) + \frac{1}{15} \times \frac{1}{4^n}u(n) = \frac{1}{15}(-4^{n+2} + 4^{-n})u(n).$$

9. 已知序列

$$y(n) = h(n) \circledast x(n) = \delta(n) + 4\delta(n-1) + 2\delta(n-2) + 2\delta(n-3),$$

若 $x(n) = \{3, 2, 1, 2, 1, 2\}$，$0 \leqslant n \leqslant 5$，

（1）求序列 $x(n)$ 的 6 点 DFT 的 $X(k)$；

（2）若 $G(k) = DFT[g(n)] = W_6^{2k}X(k)$，试确定 6 点序列 $g(n)$；

（3）若 $y(n) = x(n) \circledS h(n)$，求序列 $y(n)$.

解答：（1）$X(k) = \sum\limits_{n=0}^{5} x(n)W_6^{nk}$

$$= 3 + 2W_6^k + W_6^{2k} + 2W_6^{3k} + W_6^{4k} + 2W_6^{5k}$$

$$= 3 + 2W_6^k + W_6^{2k} + 2W_6^{3k} + W_6^{-2k} + 2W_6^{-k}$$

$$= 3 + 4\cos\frac{k\pi}{3} + 2\cos\frac{2k\pi}{3} + 2(-1)^k$$

$$= \{1, 1, 2, 2, -1, 2, 2\}, 0 \leqslant k \leqslant 5.$$

（2）$g(n) = IDFT[W_6^{2k}X(k)] = \sum_{k=0}^{5} X(k)W_6^{-nk}W_6^{2k} = \sum_{k=0}^{5} X(k)W_6^{-(n-2)k}$

$\qquad = x(n-2) = \{3,2,1,2,1,2\}$，$2 \leqslant n \leqslant 7$．

（3）$y_1(n) = x(n)*x(n) = \sum_{m=0}^{5} x(m)x(n-m) = \{9,12,10,16,15,20,14,8,9,4,4\}$．

则 $\qquad y(n) = \sum_{m=0}^{8} x(m)x((n-m))_9 R_9(n) = \{13,16,10,16,15,20,14,8,9\}$，$0 \leqslant n \leqslant 9$．

10. 设系统的单位采样响应 $h(n) = \left(\dfrac{1}{2}\right)^n u(n)$，输入序列为 $x(n) = \delta(n) - 3\delta(n-3)$，求：

（1）系统的输出序列 $y(n)$；

（2）分别求 $x(n)$，$h(n)$ 和 $y(n)$ 的傅里叶变换．

解：（1）系统的输出序列为

$$y(n) = h(n)*x(n) = \left(\frac{1}{2}\right)^n u(n)*[\delta(n) - 3\delta(n-3)]$$

$$= 2^{-n}u(n) - 3 \times 2^{-n+3}u(n-3).$$

（2）$X(\mathrm{e}^{\mathrm{j}\omega}) = 1 - 3\mathrm{e}^{-\mathrm{j}3\omega}$；$H(\mathrm{e}^{\mathrm{j}\omega}) = \dfrac{1}{1-0.5\mathrm{e}^{-\mathrm{j}\omega}}$；$Y(\mathrm{e}^{\mathrm{j}\omega}) = \dfrac{1-3\mathrm{e}^{-\mathrm{j}3\omega}}{1-0.5\mathrm{e}^{-\mathrm{j}\omega}}$．

11. 已知 $x(n)*x(n)$ 的结果如下图所示，画出 $x(n)\,⑤\,x(n)$ 和 $x(n)\,⑩\,x(n)$ 的图形．

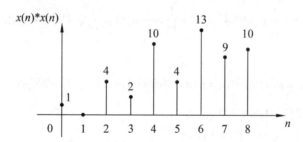

解：$x(n)\,⑤\,x(n)$ 和 $x(n)\,⑩\,x(n)$ 的图形分别如下图（a）和（b）所示

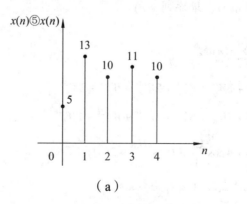

（a）

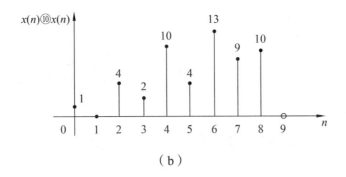

（b）

12. 我们知道,在一定条件下,可通过循环卷积求卷积. 设系统的单位采样响应 $h(n) = \{1, 0, 1\}$, 输入序列为 $x(n) = \delta(n) - 3\delta(n-1)$, 应用列表法求 4 点的循环卷积来确定系统的输出 $y(n)$.

解：输入序列为 $x(n) = \delta(n) - 3\delta(n-1)$, 即

$$x(n) = \{1, -3\}, \quad h(n) = \{1, 0, 1\}.$$

列表如下：

$\dfrac{n}{m}$	...	−3	−2	−1	0	1	2	3	...
$h(m)$					1	0	1	0	
$x((m))_4$	...1	−3	0	0	1	−3	0	0	1...
$x((-m))_4 R_4(m)$					1	0	0	−3	$y(0) = 1$
$x((1-m))_4 R_4(m)$					−3	1	0	0	$y(1) = -3$
$x((2-m))_4 R_4(m)$					0	−3	1	0	$y(2) = 1$
$x((3-m))_4 R_4(m)$					0	0	−3	1	$y(3) = -3$

第6章　自测试题及其详解

数字信号处理仿真试题第一套

（时间 120 分钟）

题号	一	二	三	四	五	总得分
题分	10	10	20	30	30	100
得分						

一、填空题（共 10 分，每空 2 分，答案写在横线上）

1. 序列 $x(n) = \sin\left(0.125\pi n - \dfrac{\pi}{6}\right)$ 的周期为 _____．

2. 已知序列 $y(n) = \delta(n) - 2\delta(n-4)$，求 $DTFT[y(n)] =$ _____．

3. 设 $X(e^{j\omega})$ 是下图所示的 $x(n)$ 信号的 DTFT，则 $\displaystyle\int_{-\pi}^{\pi} X(e^{j\omega})\,d\omega =$ _____．

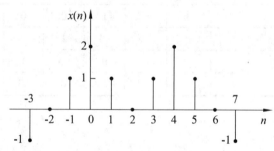

4. 序列可用图形和公式（表达式）表示，下图表示的序列所对应的表达式为_____．

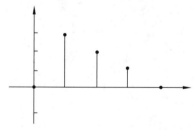

5. 设 $\tilde{x}(n)$ 是序列 $x(n) = \{1,4,3\}$ 以周期 $N = 6$ 为周期的周期延拓序列，即 $\tilde{x}(n) = x((n))_6$，则有 $\tilde{x}(7) = x((7))_6 =$ _____．

二、单项选择题（共 10 分，每小题 2 分，答案写在括号里）

1. 序列 $x_1(n)$ 的长度为 6，序列 $x_2(n)$ 的长度为 3，则它们的卷积和的长度是（　　）．

A. 3 　　　　　　　　B. 5 　　　　　　　　C. 8 　　　　　　　　D. 9

2. 若序列的长度为 M，要能够由频域抽样信号 $X(k)$ 恢复原序列，而不发生时域混叠现象，则频域抽样点数 N 需满足的条件是（　　　）.

A. $N \geqslant M$ 　　　　B. 必须大于 M 　　　　C. $N \leqslant M$ 　　　　D. 必须小于 M

3. 以下序列分别代表系统的单位采样响应 $h(n)$，则不稳定的系统是（　　　　　）.

A. $\dfrac{1}{n^2}u(n)$ 　　　　B. $3^n u(n)$ 　　　　C. $0.3^n u(n)$ 　　　　D. $y(n) = e^{-x(n)}$

4. 一个计算机平均每次复数乘法运算需要 $5\,\mu s$，平均每次复数加法运算需要 $1\mu s$，如果用 FFT 来计算它的 $N = 1024$ 点 DFT，需要（　　　　　　）时间.

A. 6.29 s 　　　　B. 35.84 ms 　　　　C. 76.8 ms 　　　　D. 34.2 ms

5. 判断下列哪一个系统是因果系统（　　　　　）.

A. $y(n) = x(n) + x(n+1)$ 　　　　B. $y(n) = \dfrac{1}{N}\sum\limits_{k=0}^{N-1} x(n-k)$

C. $y(n) = 2x(n+3)$ 　　　　D. $y(n) = \sin(n+3)x(n)$

三、验证题（20 分）

已知序列 $x(n) = \{1, 2, 2, 1\}$，请以其 4 点 DFT 来验证 DFT 形式下的帕斯维尔定理.

四、计算题（共 30 分，每小题 15 分）

1. 用微处理器对记录长度为 $0.02\,s$ 的非周期模拟信号 $x_a(t)$ 进行频谱分析，要求每隔 $0.5\,ms$ 进行采样，得到有限长序列 $x(n)$，假设频域内无混叠. 试计算:

（1）$x_a(t)$ 的最高频率 f_c 为多少?

（2）频率分辨率 F 及其信号记录点数 N 是多少?

（3）采用基-2FFT 计算 $X(k)$，需要多少次复数乘法运算?

（4）若采样周期不变，使频率 F 提高 1 倍，采样点数 N 变为多少?

2. 已知两个序列 $x_1(n) = x_2(n) = \{1, 1, 1\}$，试求:

（1）按定义求 $X_1(e^{j\omega}) = DTFT[x_1(n)]$;

（2）利用时域卷积定理计算 $y(n) = x_1(n) * x_2(n)$.

五、解答题（共 30 分，每小题 15 分）

1. 两个序列 $x(n) = \delta(n) + 2\delta(n-1) - \delta(n-2) + 3\delta(n-3)$，$h(n)$ 如下图所示，用列表法计算 $x(n)$ 与 $h(n)$ 的 4 点循环卷积.

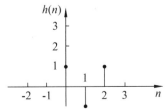

2. 序列 $x(n) = \delta(n) + 2\delta(n-1) - \delta(n-2) + 3\delta(n-3)$，按 FFT 运算流图求 $x(n)$ 的 $X(k)$.

数字信号处理仿真试题第二套

（时间 120 分钟）

题号	一	二	三	四	五	总得分
题分	10	10	20	30	30	100
得分						

一、填空题（共 10 分，每空 2 分）

1. 序列 $x(n) = \sin\left(0.25\pi n - \dfrac{\pi}{4}\right)$ 的周期为_____.

2. 设两个序列如下图所示：

则它们的和，即 $x_1(n) + x_2(n) = $_____.

3. 已知序列 $\delta(n-5)$，求 $DTFT[\delta(n-5)] = $_____.

4. 计算 8 点的按时间抽取基-2FFT 需要 3 级蝶形运算，将这 8 点的序列 $x(n)$ 进行倒位序排列是_____.

5. 周期为 8 的实序列的 DFS 的前 5 点是 {0+j, 1+2j, 2+3j, 3+4j, 4+5j}，则后 3 点是_____.

二、单项选择题（共 10 分，每小题 2 分）

1. 一个离散线性时不变系统稳定的充分必要条件是其系统函数的收敛域包括（   ）.

A. 单位圆   B. 原点   C. 实轴   D. 虚轴

2. 对于 M 点的有限长序列，频域采样不失真恢复时域序列的条件是频域采样点数 N 必须（   ）.

A. 不小于 M B. 必须大于 M C. 只能等于 M D. 必须小于 M

3. 对 LTI 系统，输入 $x(n)$ 时，输出 $y(n)$，则可确定输入为 $2x(n-3)$ 时对应的输出为（   ）.

A. $y(n-3)$ B. $2y(n-3)$ C. $2y(n)$ D. $y(n)$

4. 判断下列哪一个系统是因果系统（   ）.

A. $y(n) = \sin(n+3)x(n)$ B. $y(n) = 2x(n-3)$

C. $y(n) = 2x(n+3)$ D. $y(n) = x(-n)$

5. 序列 $x(n) = -a^n u(-n-1)$，则 $X(z)$ 的收敛域为（   ）.

A. $|z| < |a|$ B. $|z| \leqslant |a|$ C. $|z| > |a|$ D. $|z| \geqslant |a|$

三、计算题（共 20 分）

系统由差分方程描述：$y(n) = \frac{1}{2} y(n-1) + x(n) + \frac{1}{2} x(n-1)$，设系统是因果的，

（1）求系统函数 $H(z)$，并指出收敛域和零极点；

（2）用留数法求系统的单位脉冲响应 $h(n)$.

四、解答题（30 分，每小题 15 分）

1. 已知序列 $x(n) = n+1$，$0 \leqslant n \leqslant 4$ 和序列 $h(n) = R_4(n-2)$，令 $\tilde{x}(n) = x((n))_6$，$\tilde{h}(n) = h((n))_4$，试求 $\tilde{x}(n)$ 与 $\tilde{h}(n)$ 的循环卷积.

2. 序列 $x(n) = \delta(n) + 2\delta(n-1) - \delta(n-2) + 3\delta(n-3)$，按 FFT 运算流图求 $x(n)$ 的 $X(k)$.

五、分析解答题（30 分）

利用 DFT 的共轭对称性，通过计算一个 $N = 4$ 点 DFT，求出 $x_1(n) = \{\underline{1}, 2, 2, 1\}$ 和 $x_2(n) = \{\underline{1}, 2, 3\}$ 两个序列的 4 点 DFT.

数字信号处理仿真试题第三套

（时间 120 分钟）

题号	一	二	三	四	五	六	总得分
题分	10	10	20	20	20	20	100
得分							

一、单项选择题（共 10 分，每小题 2 分，答案写在横线上）

1. 对 $x(n)\,(0 \leqslant n \leqslant 7)$ 和 $y(n)\,(0 \leqslant n \leqslant 19)$ 分别作 20 点 DFT，得 $X(k)$ 和 $Y(k)$. $F(k)=X(k)\cdot$ $Y(k)$ $k=0,1,\cdots,19$，$f(n)=IDFT[F(k)]$，$n=0,1,\cdots,19$，问 n 在 _____ 范围内时，$f(n)$ 是 $x(n)$ 和 $y(n)$ 的线性卷积.

A. $0 \leqslant n \leqslant 7$ 　　　　　　　B. $7 \leqslant n \leqslant 19$

C. $12 \leqslant n \leqslant 19$ 　　　　　　D. $0 \leqslant n \leqslant 19$

2. $x_1(n)=R_{10}(n)$，$x_2(n)=R_7(n)$，用 DFT 计算两者的线性卷积，为使计算量尽可能地少，应使 DFT 的长度 N 满足 _____.

A. $N>16$ 　　　　　　　　　B. $N=16$

C. $N<16$ 　　　　　　　　　D. $N \neq 16$

3. 已知某序列 Z 变换的收敛域为 $|z|<1$，则该序列为 _____.

A. 有限长序列 　　　　　　　B. 右边序列

C. 左边序列 　　　　　　　　D. 双边序列

4. 设两有限长序列的长度分别是 M 与 N，欲用圆周卷积计算两者的线性卷积，则圆周卷积的长度至少应取 _____.

A. $M+N$ 　　　　　　　　　B. $M+N-1$

C. $M+N+1$ 　　　　　　　　D. $2(M+N)$

5. 下列系统中，$y(n)$ 为输出序列，$x(n)$ 为输入序列，_____ 属于线性系统.

A. $y(n)=x^3(n)$ 　　　　　　B. $y(n)=x(n)x(n+2)$

C. $y(n)=x(n)+2$ 　　　　　　D. $y(n)=x(n^2)$

二、填空题（共 10 分，每题 2 分，答案写在横线上）

1. 对模拟信号（一维信号，是时间的函数）进行采样后，就是 _____ 信号，再进行幅度量化后就是 _____ 信号.

2. 设 $H(z)$ 是线性相位 FIR 系统，已知 $H(z)$ 中的 3 个零点分别为 1, 0.8, 1+j，该系统阶数至少为 _____.

【注释】由线性相位系统零点的特性可知，$z=1$ 的零点可单独出现，$z=0.8$ 的零点需成对出现，$z=1+j$ 的零点需 4 个 1 组，所以系统至少为 7 阶.

3. 如果通用计算机的速度为平均每次复数乘法运算需要 5 μs，平均每次复数加法运算需要 1 μs，则在此计算机上计算 2^{10} 点的基 2FFT 需要_____级蝶形运算，总的运算时间是_____μs.

4. 下列哪一个单位抽样响应所表示的系统不是因果系统?_____.

A．$h(n)=\delta(n)$ B．$h(n)=u(n)$

C．$h(n)=u(n)-u(n-1)$ D．$h(n)=u(n)-u(n+1)$

5. 按时间抽取的基 2FFT 算法计算 $N=2^M$ (M 为整数)点的 DFT 时，每级蝶形运算一般需要_____次复数乘法运算.

三、判断题（共 10 分，每小题 2 分. 正确打√，错误打×）

1. IIR 和 FIR 是数字滤波器的两大类，前者称为无限长脉冲响应滤波器，后者为有限长脉冲响应滤波器. （　　　）

2. 对于一个系统而言，如果对于任意时刻 n_0，系统在该时刻的输出仅取决于此时刻及其以前的输入，则称该系统为因果系统. （　　　）

3. 如果保持采样点数 N 不变，要提高谱的分辨率，必须降低采样频率. （　　　）

4. FFT 是一种傅里叶变换. （　　　）

5. 时域的卷积对应于频域的乘积. （　　　）

四、验证题（20 分）

设一个理想低通滤波器的单位采样响应为 $h(n)=\dfrac{\sin(\omega n)}{n\pi}$，试判断它的因果性和稳定性.

【注释】当 $n<0$ 时，$h(n)=\lim\limits_{n\to 0}\dfrac{\sin(\omega n)}{n\pi}\neq 0$，故系统是非因果系统；而 $\sum\limits_{n=-\infty}^{n=\infty}|h(n)|=\infty$，所以系统是不稳定系统.

五、计算题（共 20 分，每小题 10 分）

1. 已知差分方程为 $y(n)=y(n-1)+y(n-2)+x(n-1)$ 的系统是一个线性时不变因果系统，

（1）求这个系统的系统函数，画出系统的零极点图，并指出其收敛域；

（2）此系统是一个不稳定系统，请找出一个满足上述差分方程的稳定的（非因果）系统的单位抽样响应.

2. 用 DTFT 定义式求 $x(-n)$ 的 $X(e^{j\omega})$，再结合性质进一步求解序列 $y(n)=x(1-n)+x(-1-n)$ 的 $Y(e^{j\omega})$.

【答案】$DTFT[x(-n)]=X(e^{-j\omega})$.

因为

$$DTFT[x(1-n)] = e^{-j\omega}X(e^{-j\omega}), \quad DTFT[x(-1-n)] = e^{j\omega}X(e^{-j\omega})$$

所以

$$DTFT[y(n)] = X(e^{-j\omega})(e^{-j\omega} + e^{j\omega}) = 2X(e^{-j\omega})\cos\omega.$$

六、画图解答题（共 20 分，每小题 10 分）

1.（10分）已知两个有限长序列如下图所示，要求用作图法求 $y(n) = x_1(n) \textcircled{7} x_2(n)$.

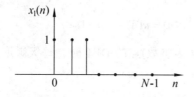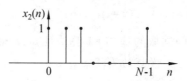

2. 设如下图所示的序列 $x(n)$ 的 Z 变换为 $X(z)$，对 $X(z)$ 在单位圆上等间隔的 4 点上取样得到 $X(k)$，即

$$X(k) = X(z)\big|_{z=e^{j\frac{2\pi}{4}k}}, k = 0,1,2,3.$$

试求 $X(k)$ 的 4 点离散傅里叶逆变换 $x_1(n)$，并画出 $x_1(n)$ 的图形.

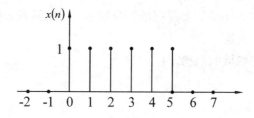

解：因为对 $X(z)$ 在单位圆上等间隔的 4 点上取样，将使 $x(n)$ 以 4 为周期进行周期延拓，所以

$$x_1(n) = \sum_{r=-\infty}^{\infty} x((n+4r)),$$

根据上式可画出 $x_1(n)$ 的图形，如下图所示.

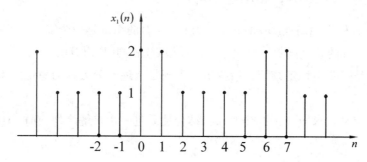

3. 假设系统函数为 $H(z) = \dfrac{1.5 + 5.7z^{-1} + 1.8z^{-2}}{1 - 0.5z^{-1} - 2.4z^{-2}}$，画出系统直接型网络图.

【答案】$b_0 = 1.5$，$b_1 = 5.7$，$b_2 = 1.8$，$a_1 = 0.5$，$a_2 = 2.4$. 系统直接型网络下图所示.

七、计算题（20 分）

设序列 $x_1(n) = \{\underline{2},1,2,1\}$ 和 $x_2(n) = \{\underline{1},2,3,4\}$，且 $y(n) = x_1(n) \otimes x_2(n)$，分别求 3 个序列的 4 点 DFT.

【注释】$x_1(n)$ 的 4 点 DFT 为

$$X_1(k) = DFT[x_1(n)] = \sum_{n=0}^{3} x_1(n)e^{-j2\pi nk/4} R_4(k)$$
$$= (2 + e^{-j\pi k/2} + e^{-j\pi k} + e^{-j3\pi k/2}) R_4(k)$$

因此，可得 $X_1(0) = 6, X_1(1) = 0, X_1(2) = 2, X_1(3) = 0$.

同理，$x_2(n)$ 的 4 点 DFT 为

$$X_2(k) = 2 + 2e^{-j\pi k/2} + 3 e^{-j\pi k} + 4 e^{-j3\pi k/2}.$$

因此，可得 $X_2(0) = 10, X_2(1) = -2+j2, X_2(2) = -2, X_2(3) = -2 - j2$.

由卷积定理知 $Y(k) = X_1(k)X_2(k)$，因此有

$$Y(0) = X_1(0)X_2(0) = 60, \quad Y(1) = X_1(1)X_2(1) = 0;$$
$$Y(2) = X_1(2)X_2(2) = -4; \quad Y(3) = X_1(3)X_2(3) = 0.$$

第 3 篇　数字信号处理仿真分析

采用仿真分析可以帮助学生学习理论性强和直观性差的数字信号处理理论，为此，本书提供了一个基于 MATLAB 语言开发的数字信号处理分析系统. 一方面，该系统把学生将数字信号处理的数据或设计结果用图形表示出来的愿望得以实现；另一方面，该系统具有便于应用的特点，既使学生不熟悉 MATLAB 仿真环境，也能使学生学习数字信号处理课程变得容易，同时也促进了老师的教学. 这也正是开发本系统的初衷. 为了更好地使用开发的软件，本篇对必要的知识做一个介绍.

第 7 章　仿真环境基础知识

7.1　学习指导

将数字信号处理的过程和结果通过直观的图形表现出来是学习数字信号处理理论的最好方法，而 MATLAB 语言已成为数字信号处理领域公认的最优秀的应用软件之一.

MATLAB（Matrix Laboratory）是矩阵实验室的意思，它是由 Clever Moler 博士于 1980 年开发的. MathWorks 公司于 1984 年把它以开放性软件产品的形式正式推向市场，随后它的免费使用以及通过不断开发而推出的功能丰富的新版本，也使它备受大众欢迎. 时至今日，它以超群的风格与性能风靡全世界，并成功应用于各工程学科乃至诸多社会学科的研究领域和产品开发. 可以说，无论你从事哪方面的科学研究或工程实践，都能发现它的身影.

MATLAB 语言作为不同于 C、Fortran 等其他高级语言的语言，因其无须定义维数的复数矩阵作为其基本元素，提高了用户的编程效率；因其本身拥有的丰富的函数以及具有的结构化流程控制语言和运算符，方便了用户的应用；因其提供的大量实用的工具箱，适合了各种工程应用需求，当然，用户还可通过对源文件的修改以及加入自己的文件构成新的工具箱；因其较强的图形控制、处理功能和可视化编程，满足了用户绘制各种图形的要求和仿真模拟. 同时该软件带有的 API 使得用户可以方便地在 MATLAB 与 C、Fortran 等其他程序设计语言之间建立数据通信. 不过，MATLAB 编写的程序不能脱离 MATLAB 环境而运行，程序的执行方式是解释，不需要编译，也不生成可执行文件.

从概念设计、算法开发、建模仿真到实时实现，MATLAB 都支持，其中，MATLAB 仿真包含命令行的数值仿真和基于模型化图形组态的动态的 SIMULINK 模型仿真. 其可能涉及的可视化图形界面设计也有两种方式：一种是 M 函数编程，另一种是 GUI 设计. 本书侧重于后者.

7.2 仿真环境的基本用法

为快速入门，下面简要介绍 MATLAB 的用法.

7.2.1 MATLAB 窗口

MATLAB 5.0 以上的版本安装完成后，都会在 Windows 系统的桌面上出现 MATLAB 图标，双击 MATLAB 图标就可以使用它了. 打开 MATLAB 以后，就进入了 MATLAB 仿真环境，出现 MATLAB 默认的主窗口，如图 7.1 所示.

图 7.1 MATLAB 工作环境界面

MATLAB 工作界面主要由菜单、工具栏、当前工作目录窗口(Current Directory)、工作空间管理窗口（Workspace）、历史命令窗口（Command History）、命令窗口（Command Window）和快捷菜单（点击左下角的 Start 按钮弹出的一个菜单）组成. 为方便使用窗口，可通过单击窗口右上角的 几个键对窗口进行最小化、最大化、解锁、关闭操作. 单击解锁 按钮可以使窗口脱离主窗口而成为一个独立的窗口.

工作空间管理窗口是 MATLAB 用于暂时存储各种变量和结果的内存空间，在该窗口中显示工作空间中所有变量的名称、大小、字节数和变量类型说明等信息，可对变量进行观察、编辑、保存和删除. 历史命令窗口主要用于记录所有执行过的命令，在默认设置下，该窗口会保留自安装后所有使用过的命令的历史记录，并标明使用时间，用户可以通过双击某一历史记录来重新执行该命令. 选中历史命令后，单击鼠标右键，系统弹出快捷菜单，通过上下文菜单，可以进行剪切和删除等操作.

命令窗口是 MATLAB 的主要交互窗口，用于输入命令并显示除图形以外的所有执行结果. MATLAB 命令窗口中的"＞＞"为命令提示符，表示 MATLAB 正处于准备状态，在命令提示符后键入命令并按下回车键后，MATLAB 就会解释执行所输入的命令，并给出计算结果.

7.2.2 MATLAB 语句

提到 MATLAB 语句必须先说明 MATLAB 的常数、变量和表达式.

MATLAB 处理数据的基本单元是矩阵而非一个数值. 而一个事实是：常数是 1×1 的矩阵，1 个 n 维向量也不过是一个 1×n 或 n×1 的矩阵，因此，从这个角度来看，MATLAB 处理的所有的常数都是矩阵. 所以，在 MATLAB 环境下，无论是要处理数值、向量，还是矩阵，都应当作矩阵来输入，用方括号[ ]括起，元素之间用空格或逗号分隔，矩阵行与行之间用分号分开.

MATLAB 编程用到的变量也有规定，变量名必须以字母开头，之后可以是任意字母、数字或下划线，不能包含标点符号；变量名的长度也有规定；此外，变量名还区分字母的大小写，表明大小写不是同一个变量.

MATLAB 表达式由操作符或其他特殊字符、函数和变量名组成. 表达式的结果为一个矩阵，显示在屏幕上，同时保存在变量中以留用.

由变量和表达式构成 MATLAB 语句. 由于 MATLAB 是非编译语言，所以 MATLAB 程序在应用过程中为解释执行，MATLAB 语句也称为命令.

MATLAB 语句的格式与功能：

（1）变量=表达式;　　　%将表达式结果赋给变量

（2）表达式;　　　　　　%将表达式结果赋给系统默认的变量 **ans**

语句末的分号 ";" 可有可无，若无分号，则显示变量或当前命令的结果，否则，表明不输出结果，但是尽管结果没有显示，它依然被赋值并在 MATLAB 工作空间中被分配了内存. %代表注释行. 一般来说，一个命令行输入一条命令，命令行以回车结束；一个命令行也可以输入若干条命令，各命令之间以逗号 "," 分隔，若前一命令后带有分号，则逗号可以省略. 如果命令语句超过一行或者太长，希望分行输入，则可以使用多行命令 " ..."，但三个点前面必须有一个空格，然后回车在下一行继续输入. 这里需要强调的是：MATLAB 所有的命令必须在英文输入状态下输入，如果在中文输入状态下输入，如分号用全角的 "；"，将被处理为非法字符.

【例 7.1】定义变量 A 分别是常数 1.2、向量[1 2 3]、矩阵 $\begin{bmatrix} 3 & 2 & 1 \\ 1.1 & 2.2 & 3.2 \end{bmatrix}$ 和复向量[1+5i　2+6i; 3+7i　4+8i].

解： 在命令控制的提示符>>下输入并回车，显示结果如下：

```
>> A=[1.2]
A =
    1.2000
>> A=[1 2 3]
A =
    1     2     3
>> A= [3  2  1;  1.1  2.2  3.2]
A =
    3.0000    2.0000    1.0000
    1.1000    2.2000    3.2000
```

矩阵可以分行输入，用回车键代替分号，不影响结果. 例如：

```
>>A=[3    2    1
    1.1 2.2 3.2]
A =
    3.0000          2.0000          1.0000
    1.1000          2.2000          3.2000
>>A=[1+5i   2+6i;   3+7i   4+8i]
A =
    1.0000 + 5.0000i        2.0000 + 6.0000i
    3.0000 + 7.0000i        4.0000 + 8.0000i
```

也可：

```
>>A=[1   2; 3   4] + i*[5   6; 7   8]
A =
    1.0000 + 5.0000i      2.0000 + 6.0000i
    3.0000 + 7.0000i      4.0000 + 8.0000i
```

上述所有语句如加上分号，回车后将不显示结果.

【例 7.2】 输入向量[−1.3   sqrt(3)   (1+2+3)*4/5].

解：任何数值表达式都可作为矩阵的元素，所以

```
>> [ −1.3    sqrt(3)    (1+2+3)*4/5]
ans =
    −1.3000   1.7321   4.8000
```

如果希望结果按某种格式输出，可以使用数据输出语句，对输入也是如此.

7.2.3   MATLAB 输入与输出语句

MATLAB 的输入输出方式包括命令窗口的输入输出以及图形界面的输入输出. 此外，它还允许对文件进行读写. 这里仅介绍命令窗口的输入输出，如表 7.1 所示.

表 7.1   几个 MATLAB 输入与输出函数（命令）列表

名称	调用格式	功　能	说　明	举　例
input 输入 函数	input ('提示 信息')	提示式等待用 户键盘输入	提示信息可以为一个字符串，以' '加以提示	>> input('请输入序列 xn='); 输出显示: 请输入序列 xn=
	input ('提示 信息', 's')	等待用户键盘 输入一个字符串		>> input('What's your name:', 's'); 输出显示: What's your name:张三
disp 输出 函数	disp (输出项)	屏幕输出项， 且不显示变量名	输出项只能有 1 项，可以 是字符串，也可以是矩阵	>> A= [3 2 1; 1 2 3]; >> disp(A) 　　3　　2　　1 　　1　　2　　3

名称	调用格式	功 能	说 明	举 例
fprintf 输出 函数	fprintf (fid, format, variables)	按指定的格式将变量的值输出到指定文件（fprintf 可以控制显示的形式，数本身不变）	fid 为文件句柄，若缺省，则将变量的值输出到屏幕上； format 的常见格式有：%d（整数），%e（实数：采用科学计数法形式），%f（实数：采用浮点数形式），%s（输出字符串），%g 紧凑的%e、%f 输出，无尾随零 format 中的输出格式要与输出变量一一对应；可以没有输出变量	对 B=[2.122 2.51556]只要输出小数后两位 >> B=[2.122 2.51556]; fprintf ('%3.2f ', B) 输出显示： 2.12 2.52 >> B=[2.122 2.51556]; fprintf ('%3.2f \n', B) 输出显示： 2.12 2.52

【例 7.3】编写猜测计算机产生[1, 100]之间的随机整数的程序，最多可以猜 5 次，结果显示 "You won" 或 "You lost"．如猜测的数大于产生的数，则显示 "High"，小于则显示 "Low"．

解：编写的源程序：

```
x=fix(100*rand);    %计算机产生[1, 100]之间的随机整数
n=5;
test=1;
for k=1:5
        numb=int2str(n);
        disp(['You have a right to ', numb, ' guesses'])
        disp(['A guess is a number between 0 and 100'])
        guess=input('Enter your guess:');
    if guess<x
        disp('Low')
    elseif guess>x
        disp('High')
    else
        disp('You won')
        test=0;
        break;
    end
    n=n-1;
end
if test==1
    disp('You lost')
end
```

读者可将上述源程序拷贝到命令空间，自行练习，观察结果.

【例 7.4】编写提示式输入的求解序列 $X(k)$ 离散傅里叶反变换 $x(n)$，求 $X(k) = \{6, -1, -i, 0, -1+i\}$ 的 4 点 $x(n)$.

解：编写的源程序：

```
clear;                          % 清除工作空间中的变量
close all;                      % 清除工作空间中的原有图形
Xk=input('输入预求离散傅里叶反变换序列 Xk= ');
N=input('输入变换区间长度 N=');
N1=length(Xk);                  %序列 X(k) 的长度
Xk=[Xk, zeros(1, (N-N1))] ;     % X(k) 补零扩成变换区间长度一样长
  n=[0:1:N-1];
  k=n;
WN=exp(-j*2*pi/N);              %计算旋转因子
nk=n'*k;
WNnk=WN.^(-nk);
xn=Xk* WNnk/N;
disp(' xn= ')
fprintf('%3.1f ', xn)
```

程序运行及其结果：

输入预求离散傅里叶反变换序列 Xk= [6 -1-i 0 -1+i]

输入变换区间长度 N=4

xn=

 1.0 2.0 2.0 1.0

 提示：

   1. 同样，读者可在命令空间输入这个源程序进行练习，也可见程序保存成一个 .M 文件进行练习，后者更为方便.

   2. 程序用 clear、close all 等语句开始，清除工作空间中原有的变量和图形，以免其他已执行的程序残留数据对本程序的影响.

7.3 MATLAB 语言编程

7.3.1 命令窗口的命令行编程

MATLAB 是一个交互式系统，可以在命令提示符 ">>" 后键入各种命令，即所谓的命令行编程. 一种方式是在命令提示符下一条条键入命令，直到编写完整个程序；这种方式在键入

每一条命令后按下回车键，MATLAB 就解释执行了所输入的命令. 另外，也可以在任意文本编辑软件下写好程序，全部复制到命令窗口的命令提示符下，按下回车键即可. 只是 7.2 节已经提到命令提示符下一行可输入多个命令，命令太长也可利用多行命令续行在多行输入. 如果对一条命令的用法有疑问，可以用 Help 菜单中的相应选项查询有关信息，也可以用 help 命令在命令行上查询，读者可参阅其他书籍.

【例 7.5】编写序列 $x(n)=\sin(\pi n/8)+\sin(\pi n/4)$ 的 3 倍内插运算程序.

解：源程序：

```
clear;                          %清空工作空间
Tp=10;                          %原采样时间(信号记录长度)，假设为 10s
n=0:1:Tp-1;                     %采样间隔为 1s，即每隔 1s 采一个样
xn=sin(n*pi/8)+sin(n*pi/4);     %输入待内插的函数
%---------------------------------
subplot(2, 1, 1);               %画图, ;号可有可无
stem(n, xn);xlabel('n');title('x(n)');   %画原函数图
%---------------------------------
yn=interp(xn, 3);               %直接用 MATLAB 内插函数进行内插
n=0:1/3:10-1/3;                 %内插后的采样间隔，每隔 1/5s 采一个样
subplot(2, 1, 2)
stem(n, yn);xlabel('n');title('y(n)');   %画内插后函数图
```

程序运行后可得到图 7.2.

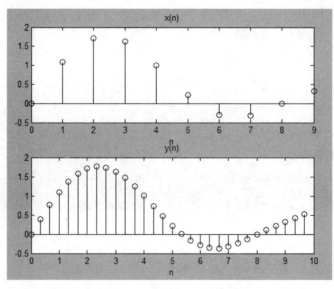

图 7.2　显示的例 7.5 运行结果

7.3.2　M 文件的编程

使用 MATLAB 语句编写的磁盘文件称为 M 文件，它可放在磁盘上永久保存. 一个 M 文件包含一系列的 MATLAB 语句；一个 M 文件可以循环地调用它自己，还可调用 MATLAB 本

身自带的函数.

    M 文件有两种类型, 第一种类型的 M 文件称为命令文件, 也称脚本 M 文件, 它是一系列命令和语句的组合; 第二种类型的 M 文件称为函数文件, 又称函数 M 文件. 两者的区别在于脚本 M 文件既没有输入参数, 也不返回输出参数; 而函数 M 文件一般既有输入参数, 也返回输出参数, 当然也可以没有; 脚本 M 文件对 MATLAB 工作空间中的变量进行操作, 其变量都为全局变量, 任何可执行的 MATLAB 命令都可以写入脚本文件, 脚本文件执行时, 就如同将文件中的每一条命令依次输入到 MATLAB 命令行中一样, 顺次执行. 而函数 M 文件中定义的变量都为局部变量, 当文件执行完毕时, 这些变量就被清除, 函数 M 文件以 function 语句开始, 以 end 结束. 关于更加详细的函数 M 文件编程方法, 读者可参看 MATLAB 语言类书籍.

    如何创建一个 M 文件, 即编辑一个 M 文件的源程序呢? 对上面提到的两种形式的 M 文件, 无论是命令文件, 还是函数文件, 都可采取两种方法来建立. 第一种方法可选择记事本编写程序, 而将程序存成.m 文件即可; 第二种方法是利用 MATLAB 自带的编辑环境来创建, 这种方法首先要启动 MATLAB 环境, 在随之出现的主窗口中通过文件(File)/新建(New)/脚本(Script)或函数(function)操作即可, 如图 7.3 所示. 编辑好一个 M 文件记得一定要将之保存成后缀为.m 的文件, M 文件才最终形成. 另外, 预将编写好的程序保存成 M 文件, 就是将文件的扩展名存成.M 文件. 需要注意的是 M 文件的文件命名一定要以英文开头, 保存时脚本 M 文件文件名需自定义, 而函数 M 文件的文件名系统自动使用函数名(编写函数时自定义的)作为文件名, 在 MATLAB 主窗口下函数 M 文件的文件名不区分大小写.

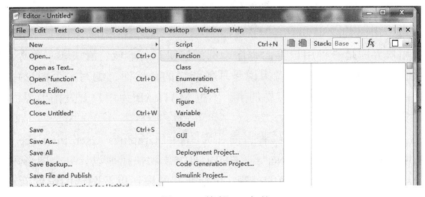

图 7.3　编辑 M 文件

    感兴趣的读者也可以尝试在历史命令窗口中按住 Ctrl 键选择几行执行过的命令并单击鼠标右键在快捷菜单中选择 creat M file 来快速创建一个 m 文件.

【例 7.6】 将例 7.4 改写成文件名为 myIDFT 的函数 M 文件.

解: 源程序代码:

```
function xn=myIDFT(Xk, N)
N1=length(Xk);
Xk=[Xk, zeros(1, (N-N1))] ;
    n=[0:1:N-1];
    k=n;
WN=exp(-j*2*pi/N);
```

```
nk=n'*k;
WNnk=WN.^(-nk);
xn=Xk* WNnk/N;
disp(' xn= ')
fprintf('%3.1f ', xn)
```
该程序运行及其结果:
```
>> myIDFT([6 -1-i 0 -1+i], 4)
 xn=
  1.0 2.0 2.0 1.0
  ans =
    1.0000           2.0000 - 0.0000i    2.0000 - 0.0000i    1.0000 + 0.0000i
```

注释:

　　脚本 M 文件运行是在命令提示符下输入文件名;而函数 M 文件运行在命令提示符下按 function 的调用格式输入才行.

　　读者可将例 7.3~例 7.5 程序保存成 M 文件进行脚本 M 文件的练习.

7.3.3 图形用户界面编程

　　一个图形用户界面是一种用户界面程序,例如按钮、文本域、滑块和菜单等. 事实上,这些定义对绝大多数使用过电脑的读者来说是耳熟能详的,然而,编写一个图形用户界面程序无论采用什么语言,的确不是一个容易的事,不过 MATLAB 为用户开发图形界面提供了一个方便和高效的集成环境.

　　MATLAB 所谓的图形用户界面编程,简称为 GUI(Graphics User Interface)编程. 利用 MATLAB 提供的图形用户界面设计向导(GUI)可方便和快捷地设计一个图形用户界面,如同在一张纸上绘图,可以把图形界面的外观,包括所有的按钮以及图形的位置确定下来,然后就可以利用 MATLAB 的回调程序编辑器来编写其函数代码了,从而可以使该图形界面完成约定的任务.

　　在 MATLAB 5 中,GUI 的设计是以 M 文件的编程形式实现的,GUI 的布局代码存储在 M 文件和 MAT 文件中;而在 MATLAB 6 以上的版本中有了很大的改变,GUI 的布局代码存储在 FIG 文件中了,同时还产生一个 M 文件用于存储回调函数,也就是说,在 M 文件中不再包含 GUI 的布局代码,使得开发应用程序的代码量大大减少.

　　本书开发的数字信号处理学习系统就是采用 GUI 开发的,GUI 编程参见第 8 章和第 9 章,这里不再赘述.

第 8 章　MATLAB 可视化 GUI 设计基础

8.1　学习指导

利用计算机进行辅助教学是传统教学手段上的一大突破,本章选择 MATLAB 的 GUI 作为辅助设计工具,开发了一个实现数字信号处理课程内容的直观化辅助学习软件,以期达到对理论知识的深刻理解的目的. 为此, 本章简要阐述 GUI 设计基础.

采用 MATLAB 中的 GUI 设计如同 VC++、Java 等可视化的图形界面编程,是一种提高程序易用性、交互性的计算机编程方法,用它编写的程序或软件, 对使用者来说, 只需在所设计的界面上,通过一系列鼠标和键盘操作就可指挥后台程序实现某些功能,即使不懂 MATLAB 语言也无妨.

实现一个 GUI 主要包括 GUI 界面设计和 GUI 组件编程两项工作, 可拆分为以下几步:

(1) 通过设置 GUIDE 应用程序的选项来进行 GUIDE 组态;

(2) 使用界面设计编辑器进行 GUI 界面设计;

(3) 理解应用程序 M 文件中所使用的编程技术;

(4) 编写用户 GUI 组建行为响应控制（即回调函数）代码.

8.2　编写运行一个 GUI 的示例

为使读者获得设计 GUI 的“入门”体验, 本节提供一个操作步骤详细的示例, 下面以教材中实指数序列为例.

1. 创建 GUI 空白图形界面

双击 MATLAB 图标启动 MATLAB, 选择文件/新建/GUI、GUIDE 按钮或>>guide 三种方式中的任意一种新建一个 GUI 文件,再点击确认(OK),随即打开一个界面设计编辑器 GUIDE 的空白模板, 即进入了 GUI 开发环境, 完成此步操作, 显示新建文件的文件名为 Untitled.fig.

2. 保存 GUI 空白界面

点击“工具栏”中的“保存”按钮（或“文件/另存为”或“文件/保存”）, 弹出“另存为”对话框, 键入自命名的文件名“zhishu”, 然后点击“保存”, 如图 8.1 所示. 完成此步操作, 菜单栏显示的文件名由 Untitled.fig 变为 zhishu.fig. 在保存 zhishu.fig 的同时系统会同步自动打开 1 个同名的 M(zhishu.m)文件,而用户所有的通过回调函数编写的程序都将写在这个 M 文件里面, 目前暂时不用理会它.

图 8.1　保存实指数序列

提示:

　　2018 年以后的版本当前文件夹可能不是 work, 不过没关系, 保存文件的目录虽然不是当前目录, 只要点击"Change Directory"来改变当前目录或可以将其文件所在文件夹作为当前目录添加到 MATLAB 路径即可.

3. 图形界面布置设计

　　进入 GUI 开发环境后, 在组件面板选中"按钮"控件, 用鼠标左键向下拖拉至设计区域内所预放置的位置, 再重复设置 1 个按钮, 并用同样方式再添加 1 个编辑文本框、1 个静态文本和 1 个坐标系, 之后需要对这些控件进行属性设置.

　　最方便设置(或修改)属性的方法是将鼠标移至所要设置属性的控件上, 待其变成十字花后双击左键, 弹出该控件属性(Property Inspector)对话窗口, 即可在其上进行属性修改了. 无须所有的属性都设置, 最主要的属性莫过于 Tag 属性和 String 属性了. 如将 zhishu.fig 的一个控件设置成"确定", 方法就是双击此按钮, 拖动属性窗口的拖动条, 找到"String"属性, 将鼠标移到编辑框内键入"确定", 然后将鼠标再移回到设计区域的任意空白处点击一下左键, 属性就设置完了. 当然对其他属性也可不保持默认, 进行类似的设置. 到此, 完成了 zhishu 图形界面布置设计, 如图 8.2 所示.

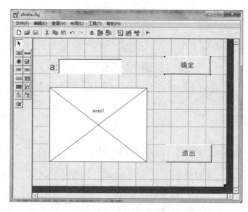

图 8.2　实指数序列设计界面

4. 回调函数编程

图形界面布置好以后，就可以为界面上的各个控件编写程序来实现功能了，这种编程就是控件的回调函数编写，涉及"确定"和"退出"按钮的回调函数.

在"确定"按钮回调函数的 Callback 函数里面添加实指数序列代码的操作是将鼠标指向"确定"按钮，点击右键，在弹出的菜单中选"View Callbacks"的"Callback"，再点击一下，光标便立刻移到 zhishu.m 文件的下面这段代码的位置.

```
function pushbutton1_Callback(hObject, eventdata, handles)
% hObject       handle to pushbutton1 (see GCBO)
% eventdata     reserved - to be defined in a future version of MATLAB
% handles       structure with handles and user data (see GUIDATA)
```

然后在上面这段代码的下面插入如下代码：

```
a = str2double(get(handles.edit1, 'String'));
n=0:7
x= a.^n
stem(n, x);
```

这些代码就是绘制实指数序列图形的语句. 用同样的方法，在"退出"按钮的回调函数的 Callback 或 KeyPressFcn 函数里面添加以下程序代码：

```
Close zhishu;
```

通过以上代码的添加就能实现"退出"按钮的功能. 每添加好一个控件的回调函数后，点击保存就将当前修改保存在 zhishu.m 文件中.

5. 运行程序

为控件编写完回调函数后回到 zhishu.fig 文件，点击"工具栏"中的"运行 ▶"按钮，即可出现程序运行的结果，在编辑框输入实数值（如 2），即可得到该序列的图形，如图 8.3 所示.

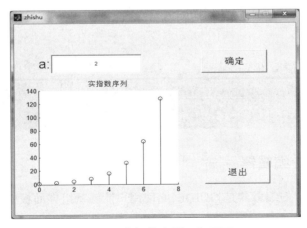

图 8.3　实指数序列运行界面

8.3　GUI 界面设计

通常在开发一个实际的应用程序时会尽量做到界面友好，最常用的方法就是使用图形界面，而提供图形用户界面的应用程序能够使用户的学习和使用更为方便、容易. 用户不需要知道应用程序究竟是怎样执行各种命令的，而只需要了解可见界面组件的使用方法；用户也不需要知道命令是怎样执行的，只要通过与界面交互就可以使指定的行为得以正确执行.

在 MATLAB 中，图形用户界面是一种包含多种对象的图形窗口. 用户必须对每一个对象进行界面布局和编程，从而使用户激活 GUI 每个对象时都能够执行相应的行为. 另外，用户必须保存和发布所创建的 GUI，使得 GUI 能够真正地得到应用.

在 MATLAB 中，GUI 编程和 M 文件编程相比，除了要编写程序功能的内核代码外，还需要编写前台界面，进行所谓的 GUI 界面设计. MATLAB 图形用户界面程序的前台界面由一系列交互组件组成，主要包括按钮、单选按钮、框架、复选框、文本标签、编辑文本框、滑动条、下拉菜单、列表框等对象. 用户以某种方式选择或激活这些对象，通常引起动作或发生变化. 最常见的激活方法是用鼠标或者其他点击设备去控制屏幕上鼠标指针的运动，按下鼠标按钮，标志着对象或者键盘事件被关联起来，即通过设置这些交互组件的回调函数来完成特定交互事件下后台程序完成的功能.

MATLAB 中设计 GUI 程序的前台界面有全命令行的 M 文件编程和 GUIDE（ Graphical User Interface Development Environment ）辅助的图形界面设计两种方式：

（1）全命令行的 M 文件编程设计 GUI 程序界面，就是通过低级句柄图形对象创建函数，设置 GUI 界面下各个交互组件的属性. 这主要用到句柄图形对象操作的方法.

（2）使用 GUIDE 辅助设计是一种简单的创建 GUI 程序界面的方法. GUIDE 即 MATLAB 提供 GUI 程序的开发环境，实际上就是一个图形用户界面程序，MATLAB 用户只需要通过简单的鼠标拖拽等操作就可以设计自己的 GUI 界面，因此也是一般用户实现 GUI 编程的首选方法. 本书采用 GUIDE 方法设计 GUI 程序的前台界面.

注释：

　　GUIDE 将用户保存设计好的 GUI 界面保存在一个 FIG 资源文件中，同时还能够生成包含 GUI 初始化和组件界面布局控制代码的 M 文件.

8.3.1　界面设计编辑器

进行 GUI 界面设计的编辑器是 GUIDE，它使用户能够从组件面板中选择 GUI 控件并将它们排列在图形窗口中.

使用 guide 命令或点击工具栏上的 　 GUIDE 按钮，即可进入 GUIDE 辅助的图形界面，如图 8.4 所示.

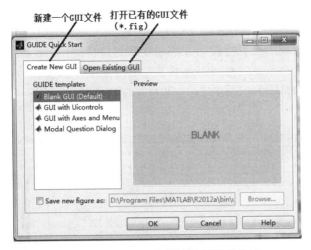

图 8.4　GUIDE 界面设计编辑器的外观

★注意:

　　采用"文件/新建/GUI"也可打开 GUIDE;采用鼠标左键双击方式无法打开已有的.Fig 文件.

　　选择新建或打开已存在的.fig 文件,进行新的界面设计或对原有界面设计进行修改. 若选择新建空白(Blank GUI)模版,它是默认(Default)模版,弹出空白的 GUIDE 设计界面,如图 8.5 所示.

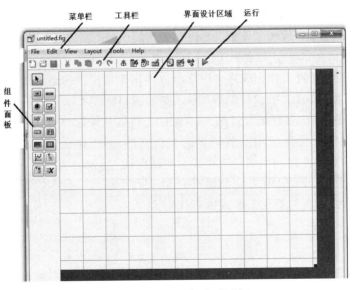

图 8.5　GUIDE 启动对话框

　　可见,GUIDE 由组件面板、工具栏、菜单栏和界面设计区域四个部分组成. 其中,组件面板包含用户界面可获得的所有组件;工具栏和菜单栏可以用来启动其他界面设计工具,例如菜单编辑器;界面设计区域实际上就是激活后的 GUI 图形窗口,是编程区域.

1. 组件面板

在 GUI 界面设计区域中放置控件的方法和步骤是这样的：首先点击组件面板的相应按钮，选择用户希望放置的控件类型，光标变为十字形后使用十字形光标的中心点来确定组件右上角的位置，或者通过在界面设计区域内点击并拖动鼠标来确定控件大小．图 8.6 给出了一个添加控件的示例．

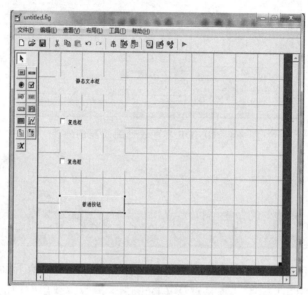

图 8.6　界面设计区域添加组件的示例

控件主要包括按钮（Push Button⬛️）、滑动条（Slider▭）、单选按钮（Radio button⦿）、复选框（Check Box☑）、编辑文本框（Edit Text▦）、静态文本（Static Text▦）、弹出（下拉）菜单（Pop-up Menu▦）、列表框（List Box▦）、双位按钮（Toggle Button▦）和坐标系（Axes▦）．GUI 控件布置工作完成后，用户可以使用工具栏内的运行按钮▶或选择 Tools 菜单的 run 选项来观察 GUIDE 的设计结果．激活图形窗口将发生以下事件：首先保存 FIG 文件和 M 文件，如果用户尚未保存该设计结果，GUIDE 将打开保存对话框使用户选择将要创建的 M 文件名；然后 GUIDE 保存与 M 文件同名的 FIG 文件，如果存在一个同名的 M 文件，GUIDE 将会显示一个提示对话框，如果用户选择提示对话框的 Replace 按钮，原来的 M 文件将被替换；如果选择 Append，则 GUIDE 将向原有的 M 文件中插入未保存的新组件回调函数并根据应用程序选项对话框设置的变化来修改原有代码．

2. 文本菜单

使用 GUIDE 进行界面设计时，可以使用鼠标左键来选择一个对象，然后点击右键来显示与所选对象相连的文本菜单．图 8.7 表示了一个与图形窗口对象联系在一起的文本菜单，所有已定义的回调函数都列举在该菜单的下方．图 8.8 描述了一个与按钮相联系的文本菜单，同样，所有已定义的回调函数都列举在该菜单的下方了．

图 8.7　图形窗口的文本菜单

图 8.8　GUI 用户控件文本菜单

3. 排列工具

用户可以在界面设计区域内通过选择并拖动任意组件或组件群进行组件排列. 另外, 界面设计编辑器还提供一些更为精确的组件排列方法：

（1）排列工具：排列并分布组件群；

（2）栅格和标尺：在网格内使用可选的标线来排列组件；

（3）指引线：指定任意位置的水平和竖直标线；

（4）拉前推后：控制组件的前后顺序.

排列工具使用户能够根据其他组件的位置调整被选择物体的间隔或放置某个组件. 上述排列方法可以通过排列工具栏获得, 当用户按下 Apply 按钮时, 指定的排列操作将应用于所有被选择的组件. 图 8.9 显示了排列工具栏的外观.

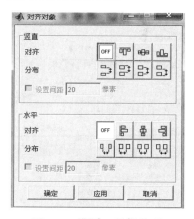

图 8.9　排列工具栏外观

排列工具提供 Align 和 Distribute 两种类型的排列操作. Align 是按照一个单参考线来排列所有被选择的组件；Distribute 则根据组件间的关系进行所有被选组件的统一放置. 这两种排列操作能够在水平和竖直两个方向上使用. 最好使用两个步骤各自独立完成水平和竖直方向上的排列工作.

界面区域可以使用网格和标线辅助完成组件设计工作. 用户可以将网格线的间隔设置在

10~200 个像素，缺省情况下以 50 个像素为间隔．如果用户选择了 snap-to-grid 选项，那么对于任何一个在网格线周围 9 像素范围内移动或重画的对象，系统都会自动将该对象放置在该网格线上．无论网格是否可见，snap-to-line 选项都是有效的．

界面设计编辑器有水平和竖直两种指引线．当用户希望在界面设计编辑器的任意位置建立一个组件排列参考标准时，指引线将非常有用．点击标线的左边或顶端并将其拖放到界面区域中所需位置处就会生成一条指引路．界面设计编辑器提供四种控制交叠对象前后关系的操作：

（1）放到最前：将被选物体放置到未选中的对象前面，可以通过文本菜单或快捷键 Ctrl+F 实现；

（2）放到最后：将被选物体放置到未选中对象的后面，可以通过文本菜单或快捷键 Ctrl+B 来实现；

（3）先前移动：将被选物体向前移动一级，也就是说，将被选物体放置到与该对象相连的高一级对象的后面，可以从 Layout 菜单中获得该操作；

（4）向后移动：将被选物体向后移动一级，也就是说，将被选物体放置到与该对象相连的低一级对象的后面，可以从 Layout 菜单中获得该操作．

8.3.2　属性检查器

属性检查器提供一个所有可设置属性的列表并显示当前的属性值，使用户能够设置界面中各组件的属性．列表中的每一个属性都对应于一个相应于该属性的属性值选择范围，例如，BackgroundColor 属性的颜色选择器、FontAngle 的弹出式菜单和 Callback 字符串的文本域．属性检查器的外观如图 8.10 所示．

图 8.10　属性检查器外观

8.3.3　对象浏览器

对象浏览器显示图形窗口中所有对象的继承关系．在图 8.11 给出的 GUI 中，从对象浏览器中可以看出，第一个创建的用户控件是组合框，然后是四个单选按钮.

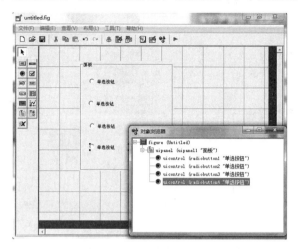

图 8.11　对象浏览器范例

8.3.4　菜单编辑器

菜单编辑器的外观如图 8.12 所示. GUIDE 能够创建两种类型的菜单：其一是在图形窗口菜单栏中显示的菜单；其二是当用户右击图形对象时弹出的文本菜单. 用户可以使用菜单编辑器来创建这两种类型的菜单.

图 8.12　菜单编辑器外观

就定义菜单栏菜单而言，创建菜单的第一步是使用 NewMenu 工具栏来创建一个菜单，然后来指定菜单的属性. 用户点击创建的菜单项将会显示图 8.13 所示的一个文本域，在该文本域中可以设置菜单的标签、分隔符、选中模式以及回调函数字符串. 菜单创建成功后，MATLAB 将该菜单添加到图形窗口的菜单栏中. 创建菜单的第二步是创建菜单项. 使用 New Menu Item 工具来添加菜单项，每一个菜单项也可以有级联的子菜单项. 图 8.14 显示了为窗口菜单栏定义的三个菜单的菜单编辑器外观. 如果用户激活图形窗口，这三个菜单将会出现在窗口中，如图 8.15 所示.

图 8.13　菜单的相关设置

图 8.14　菜单项创建示例

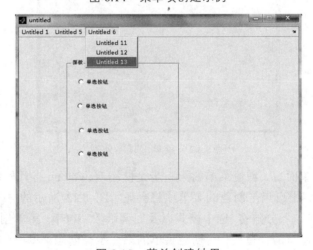

图 8.15　菜单创建结果

　　而就定义文本菜单而言,菜单编辑器能够定义文本菜单并将菜单与对象联系起来. 当定义了文本菜单的对象后,用户右击鼠标时,文本菜单随之出现. 文本菜单的所有菜单项都是文本菜单的子对象，这些菜单项并不显示在窗口菜单栏中. 选择菜单编辑器工具条中的 New Context Menu 来创建父菜单并为之定义一个标签（名称）. 注意在定义文本菜单之前要选择菜单编辑器的 Context Menu 标签界面. 使用菜单编辑器工具条中的 New Menu Item 按钮来创建文本菜单项，然后给该菜单项添加一个标签并定义回调字符串.

在界面设计编辑器中选择需要定义文本菜单的对象，使用属性检查器将该对象的 UIContextMenu 属性设置为所需文本菜单的标签名. 在应用程序 M 文件中给每个文本菜单项添加一个回调子函数，当用户选择特定的文本菜单项时，这个回调子函数将被调用.

8.3.5 回调函数

在 MATLAB 中，对句柄图形对象还可以设置一些事件响应函数，它们可以在对象创建或对象删除等事件发生时执行，从而实现特定事件触发下需要的某些功能. 这些事件响应函数称为句柄图形对象的回调函数.

回调函数也就是句柄图形对象的属性，其取值是字符串类型. 当回调函数对应的事件发生时，MATLAB 通过 eval 函数执行回调函数的取值字符串，因此，回调函数取值可以支持所有 MATLAB 合法命令语句、M 文件名或函数句柄. 表 8.1 列出了主要的回调函数.

表 8.1　回调函数

种　类	意　义
Callback	默认操作时执行的回调函数
CreateFcn	对象创建时执行的回调函数
DeleteFcn	对象删除时执行的回调函数
ButtonDownFcn	在对象上单击鼠标左键时执行的回调函数
WindowButtonDownFcn	用户在图形窗口背景区、不可用控件或坐标系背景区单击鼠标时执行的回调函数
WindowButtonMotionFcn	用户在图形窗口拖动鼠标时执行的回调函数
WindowButtonUpFcn	用户在图形窗口内单击鼠标后再次释放鼠标按钮时执行的回调函数
KeyPressFcn	光标处于图形窗口内，且用户按下某个按键时执行的回调函数
ResizeFcn	用户调整图形窗口大小时执行的回调函数
CloseRequestFcn	图形窗口接收到关闭请求执行的回调函数

8.4　控件设计实例

用户和应用程序之间进行信息交换主要是通过各种控件来实现的. 控件不仅是一般窗口的重要部件，也是构成对话框的重要部分. 常用的 MATLAB 控件的外观形式如图 8.16 所示.

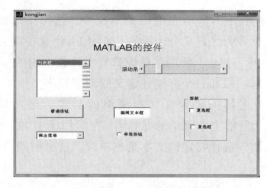

图 8.16　MATLAB 中的各种控件

其中，按钮主要用于将系统的控制转向某一个程序，以执行某种功能，如"确定""取消"等；单选按钮控件允许用户从多种选择项中选择其中某一项内容，被选中的按钮会在其外圆的中心有一个实心的黑点. 这种按钮往往用于让用户选用某种参数或条件. 单选按钮只能进行"单项选择"的操作；复选框控件允许用户从多种选择中选择其中的某一些内容，被选中的检查框在其方形外框中有一个对号（"√"）标记. 这种按钮往往用于让用户选用或不选用某种设置内容. 复选框可以进行"多项选择"的操作；列表框控件用于从以列表的形式所给出的一些项目中选择出其中的某一项内容，选中的项目将会出现在列表框的最上一行；弹出菜单（下拉式菜单）控件用于从系统所弹出的由一些命令按钮所组成的菜单中选取某一菜单项并执行相应的功能；滚动条控件可以以图示的方式使用户从某一范围的数值中选取某一个数值，该数值的大小是通过滚动杆中滑块的位置来近似显示的；编辑文本框控件是用来向系统输入一些文字或数据的方框，该控件中的文字内容可以由一些编辑键进行操作；静态文本控件是用来向用户提示某一些信息而显示在窗口中的一些说明文字.

8.4.1　按钮设计的实现方法示例

图 8.17 所示示例是一个矩形序列界面窗口，输入序列长度 N（本例 $N=6$），然后点击确定按钮就会出现矩形序列图形. 显而易见，该窗口定义了两个命令按钮：一个按钮是输入矩形序列长度后，点击确定然后在 axes 中画出矩形序列图形；另一个按钮是退出按钮，用于关闭该图形窗口，具体实现方法如下：

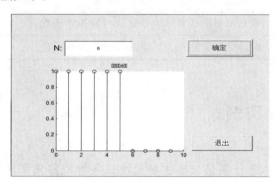

图 8.17　矩形序列示例

首先是界面的设计，用 MATLAB 的 GUIDE 建立一个新的空白界面，命名为 juxing. 然后对界面进行布局，分别在界面上设置两个按钮，一个按钮的 string 属性改为"确定"，另一个改为"退出"；同时设置一个编辑框和一个坐标系，并对编辑框进行静态标记，标记为 $N:$，N 表示矩形序列的长度. 得到界面设计，如图 8.18 所示.

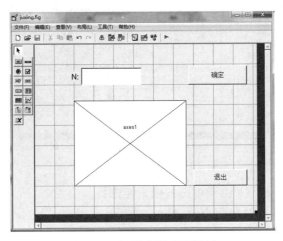

图 8.18   矩形序列界面设计

为了在图形用户界面上显示矩形序列的图形，就要在确定按钮的回调函数里面加上实现矩形序列的功能语句，即：

N = str2double(get(handles.edit1, 'String'));

n=0:9;

x= sign(sign(N-1-n)+1);

stem(n, x);

使用时只要在编辑文本框中输入 N 的值，点击确定按钮后，画出的矩形序列图形就显示在坐标系上了. 退出按钮功能的实现是在回调函数的对应位置上输入"Close juxing;"代码即可，点击退出按钮就能实现关闭该界面的功能.

8.4.2   单选按钮设计的实现方法示例

在 Windows 应用程序中，一般是将一组相关的项目设计为一组单选按钮，在操作时，这一组按钮中只有其中一个能被选中，而其余各按钮都处于未被选中状态，即各个项目之间具有互斥的性质. 但是，由于 MATLAB 并未提供一次生成一组单选按钮的功能，它一次只能生成一个按钮，所以这些按钮是可以同时选中而不具备互斥性质的. 要达到各项目间的互斥特性，就要通过程序来实现. 这种程序所利用的控件最重要的属性是 Value 属性，当 Value 属性值取"1"时，表明该项目被选中，而当 Value 属性值取"0"时，表明该项目未被选中. 最常用的互斥特性程序实现方法是由"If...Else...End"语句结构来实现的，这个语句必须出现在每个单选按钮的"Callback"属性中.

这里就前述的矩形序列示例添加两个单选按钮，它们分别表示画图时所用的红色或绿色颜色，当然这两种颜色只能选择一种. 在前面设计的一个界面中添加两个单选按钮，一个按钮的 string 属性设置为"红色"，另一个按钮的 string 属性设置为"绿色"，如图 8.19 所示.

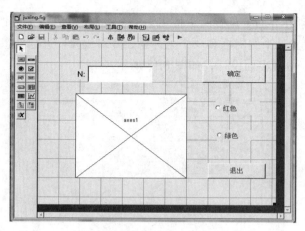

图 8.19　单选按钮界面设计

然后对单选按钮进行设置. 由于单选按钮只能选择其中一个, 所以选择其中一个时另一个会自动取消选中, 此时需要对这两个单选按钮进行互斥设置, 如对红色单选按钮设置时, 回调函数应添加下列语句:

function mutual_exclude(off)

set(off, 'Value', 0)

function varargout=radiobutton1_Callback(hObject,

eventdata, handles, varargin)

off=[handles.radiobutton2];

mutual_exclude(off)

这样就能实现两个单选按钮的互斥功能, 即实现单选功能, 如图 8.20 所示.

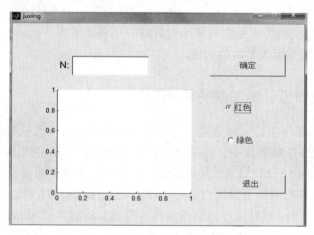

图 8.20　单选按钮运行界面

8.4.3　列表框的实现方法示例

列表框中列出了一些可选的项目, 用户可通过鼠标选择其中一个项目, 列表框的这些项目文字内容可由其"String"属性来定义. 列表框的"Value"属性值定义了当前所选的项目号, 项目号是指对"String"属性的各个项目内容从 1 开始向后计数时所对应的项数. 下面通过正弦序列的示例来说明列表框的实现方法. 图 8.21 中列表框中"String"属性值有红色、绿色、黄色,当通过鼠标选择某个颜色时,图形就显示相应的颜色. 而要实现它还要在列表框的回调函数 Callback 函数里面添加如下源程序代码:

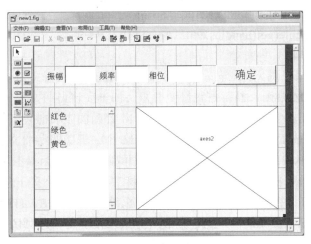

图 8.21　列表框示例界面设计

```matlab
val = get(hObject, 'Value');
switch val
    case 1
        a1 = str2double(get(handles.edit1, 'String'));
        h1 = str2double(get(handles.edit2, 'String'));
        s1 = str2double(get(handles.edit3, 'String'));
        n0=-40;n1=40;
        n=n0:n1;
        f1=a1*sin(h1*pi*n+s1);
        max_f1=max(f1);
        min_f1=min(f1);
        stem(n, f1, 'r');
        axes2([n0, n1, min_f1-0.2, max_f1+0.2]);
    case 2
        a1 = str2double(get(handles.edit1, 'String'));
        h1 = str2double(get(handles.edit2, 'String'));
        s1 = str2double(get(handles.edit3, 'String'));
        n0=-40;n1=40;
        n=n0:n1;
        f1=a1*sin(h1*pi*n+s1);
        max_f1=max(f1);
        min_f1=min(f1);
        stem(n, f1, 'g');
```

```
        axes2([n0, n1, min_f1-0.2, max_f1+0.2]);
    case 3
        a1 = str2double(get(handles.edit1, 'String'));
        h1 = str2double(get(handles.edit2, 'String'));
        s1 = str2double(get(handles.edit3, 'String'));
        n0=-40;n1=40;
        n=n0:n1;
        f1=a1*sin(h1*pi*n+s1);
        max_f1=max(f1);
        min_f1=min(f1);
        stem(n, f1, 'y');
        axes2([n0, n1, min_f1-0.2, max_f1+0.2]);
end
```

这样通过以上程序的编写，就能实现通过列表框方式来改变正弦序列的颜色.

8.4.4 下拉式菜单设计的实现方法示例

下拉式菜单也叫组合框，与列表框相类似，下拉式菜单中也列出了一些可供用户选择的项目，用户可通过鼠标选择其中的一个项目. 下拉式菜单的这些项目文字内容可由其"String"属性来定义，并且各个项目文字之间用符号"｜"来分隔. 下拉式菜单的"Value"属性值定义了当前所选定的菜单项目号，项目号是指对"String"属性的各个项目内容从 1 开始向后计数时所对应的项数. 下面还通过上述正弦序列的示例来说明实现下拉式菜单的方法. 在正弦序列的界面添加一个下拉式菜单，其主要内容有红色、绿色和黄色，主要功能是改变曲线的颜色，当选择红色时曲线为红色，选择绿色时曲线为绿色，选择黄色时曲线为黄色，形成图 8.22 所示的界面.

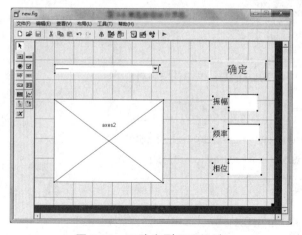

图 8.22 正弦序列界面设计

为了能实现该下拉式菜单的功能，在下拉式菜单的回调函数的 callback 函数里面添加如下源程序：

```matlab
val = get(hObject, 'Value');
switch val
    case 1
        a1 = str2double(get(handles.edit1, 'String'));
        h1 = str2double(get(handles.edit2, 'String'));
        s1 = str2double(get(handles.edit3, 'String'));
        n0=-40;n1=40;
        n=n0:n1;
        f1=a1*sin(h1*pi*n+s1);
        max_f1=max(f1);
        min_f1=min(f1);
        stem(n, f1);
        axes2([n0, n1, min_f1-0.2, max_f1+0.2]);
    case 2
        a1 = str2double(get(handles.edit1, 'String'));
        h1 = str2double(get(handles.edit2, 'String'));
        s1 = str2double(get(handles.edit3, 'String'));
        n0=-40;n1=40;
        n=n0:n1;
        f1=a1*sin(h1*pi*n+s1);
        max_f1=max(f1);
        min_f1=min(f1);
        stem(n, f1, 'r');
        axes2([n0, n1, min_f1-0.2, max_f1+0.2]);
    case 3
        a1 = str2double(get(handles.edit1, 'String'));
        h1 = str2double(get(handles.edit2, 'String'));
        s1 = str2double(get(handles.edit3, 'String'));
        n0=-40;n1=40;
        n=n0:n1;
        f1=a1*sin(h1*pi*n+s1);
        max_f1=max(f1);
        min_f1=min(f1);
        stem(n, f1, 'g');
        axes2([n0, n1, min_f1-0.2, max_f1+0.2]);
    case 4
        a1 = str2double(get(handles.edit1, 'String'));
        h1 = str2double(get(handles.edit2, 'String'));
        s1 = str2double(get(handles.edit3, 'String'));
```

```
n0=-40;n1=40;
n=n0:n1;
f1=a1*sin(h1*pi*n+s1);
max_f1=max(f1);
min_f1=min(f1);
stem(n, f1, 'y');
axes2([n0, n1, min_f1-0.2, max_f1+0.2]);
end
```
通过以上源程序的编写，就能实现改变正弦序列图形线颜色的功能.

第 9 章 DSPsy 软件系统设计

9.1 学习指导

结合教材内容,我们开发了辅助教学数字信号处理软件系统,简称 DSPsy. 对使用者来说,这个系统的一个突出特点就是无论有没有 MATLAB 语言基础都能使用.

进入该软件打开主界面后,即可按照界面中提供的功能按钮开始选择进入下一级界面,次级界面显示出对应信号分析的功能,可以用鼠标左键点击这些功能按钮就可进行相应的数字信号处理知识的辅助学习了. 软件的使用方法是很简单的,启动 DSPsy 系统后在 MATLAB 命令窗口下输入 kaishi,点击回车系统就开始运行了,同时打开主界面,然后按照界面中给定的按钮,用户可以用鼠标左键点击这些按钮一步步完成操作.

9.2 系统结构设计

DSPsy 采用层次化设计,顶层由时域分析、频域分析、复频域分析、滤波器和帮助等构成. 时域分析模块主要是典型序列以及时域系统的分析;频域分析模块主要针对的是数字信号处理中最重要的三个变换,分别是序列的傅里叶变换、离散傅里叶变换和快速傅里叶变换;复频域分析模块侧重于 Z 变换以及 Z 域内的系统分析;滤波器模块主要是对 IIR 滤波器、FIR 滤波器和低通滤波器的设计;帮助主要讲述了该系统的操作流程和一些注意事项,以便于用户使用和后期的系统维护与开发完善.DSPsy 的系统结构如图 9.1 所示.

9.3 系统界面设计与实现

DSPsy 软件系统包括 1 个主界面和 5 个子界面,一个图形界面就是一个用户界面程序,也是可存储在硬盘中的文件,所以,将主界面文件名命名为 kaishi,将 5 个子界面中的"时域分析"命名为"syfx""频域分析"命名为"pyfx""复频域分析"命名为"fpyfx""滤波器"命名为"szlbq"和"帮助"命名为"bz".

9.3.1 主界面编程

DSPsy 软件系统的主界面如图 9.2 所示,下面简要介绍一下它的建立方法.

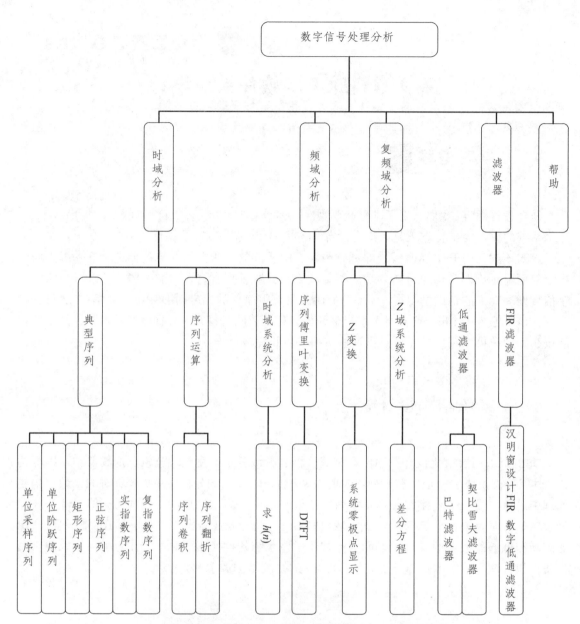

图 9.1　DSPsy 系统结构

图 9.2　软件的主界面

（1）用 MATLAB 的 GUIDE 建立 kaishi 主界面. 主界面使用了 6 个命令按钮和一个坐标系，将 6 个命令按钮的"string"属性分别设置为"时域分析""频域分析""复频域分析""滤波器""退出""帮助"，如图 9.3 所示.

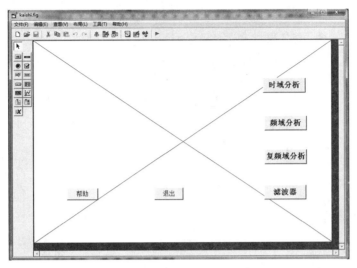

图 9.3 主界面布局设计

（2）实现主界面与子界面（见 9.3.2 节）的跳转功能. 当点击"时域分析"按钮时就能跳转到"syfx"界面，点击"频域分析"按钮就能跳转到"pyfx"界面，点击"复频域分析"按钮就能跳转到"fpyfx"界面，点击"滤波器"按钮就能跳转到"szlbq"界面，点击"帮助"按钮就能跳转到"bz"界面. 界面跳转主要是使用 run 命令完成的，这里仅以时域分析为例，说明点击"时域分析"按钮跳转到"syfx"界面的实现方法. 其方法是在"时域分析"按钮的回调函数 KeypressFcn 函数里面添加如下代码：

```
run syfx;
close kaishi;
```

这样就能实现界面跳转的功能了. 同样的做法也能完成主界面与其他子界面的跳转.

（3）实现"退出"按钮的功能. 实现"退出"按钮的功能，就是在"退出"按钮的回调函数 KeypressFcn 函数里面添加如下代码：

```
Close kaishi;
```

从而，当点击"退出"按钮，就能实现关闭该界面的功能.

（4）设置界面背景. 在坐标系 axes1 的回调函数 OpeningFcn 里面设置如下代码：

```
function axes1_CreateFcn(hObject, eventdata, handles)
I=imread('5.jpg');
image(I, 'Parent', hObject);
set(hObject, 'Visible', 'off');
text(100, 125, '欢迎使用数字信号处理学习系统',
'fontsize', 30, 'color', 'b', 'fontweight', 'bold');
```

这样就能实现用被命名为"5.jpg"的图片设置为"kaishi"界面的背景图片了，同时还能在界面上显示相应的中文字符. 完成以上步骤后，就完成了主界面的设计，并实现主界面的功能.

9.3.2　子界面编程

子界面的设计与实现指的是时域分析、频域分析、复频域分析与滤波器子界面的设计与实现，它们的设计与主界面类似，故也可依次进行子界面的设计和功能的实现.

1. 时域分析子界面的建立与功能实现

（1）进行时域分析子界面的布局设计，如图9.4所示.

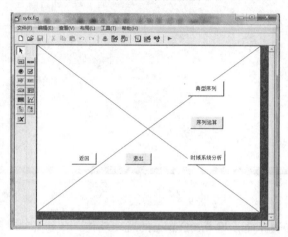

图 9.4　时域分析界面创建

和主界面一样，分别将 5 个命令按钮的 string 属性设置为"典型序列""序列运算""时域系统分析""返回""退出"，就得到图 9.4 所示的子界面.

（2）命令按钮功能的实现. 点击"典型序列"就能跳转到"dxxh"界面，点击"序列运算"就能跳转到"xlys"界面，点击"时域系统分析"就能跳转到"syxtfx"界面.

下面介绍点击"典型序列"按钮就能跳转到"dxxh"界面的实现方法. 它是直接在"典型序列"按钮的回调函数 KeypressFcn 函数里面添加如下代码：

run dxxh;

close syfx;

这样就能实现界面跳转的功能.

（3）"返回"按钮功能的实现. 跟主界面跳转一样，"返回"按钮功能的实现是在"返回"按钮的回调函数 KeypressFcn 函数里面添加如下代码：

run kaishi;

close syfx;

这样就能实现点击"返回"按钮时，界面返回到主界面的功能.

（4）"退出"按钮功能的实现. 通过在"退出"按钮的回调函数里面添加"close syfx"代码，就能实现点击该按钮时关闭界面的功能.

（5）进行界面背景图案的设计与中文字符的显示. 在 axes1 的回调函数的 OpeningFcn 函数里面设置如下代码：

function axes1_CreateFcn(hObject, eventdata, handles)

I=imread('8.jpg');

image(I, 'Parent', hObject);

set(hObject, 'Visible', 'off');

text(155, 220, '时域分析', 'fontsize', 25, 'color', 'b', 'fontweight', 'bold');

这样就能实现用被命名为"8.jpg"的图片设置为"syfx"界面的背景图片并且显示中文字符的效果.

完成以上步骤后，就完成了时域分析子界面的设计并实现该界面的功能，其运行结果如图 9.5 所示.

图 9.5　时域分析子界面

前面提到的其他几个子界面建立与功能实现与时域分析类似，这里就不再详细说明了.

2. 频域分析子界面的建立与功能实现

与时域分析一样，频域分析子界面的建立与功能实现也分为四步，其最后运行结果如图 9.6 所示，对应图 9.6 的布局设计如图 9.7 所示.

图 9.6　频域分析子界面

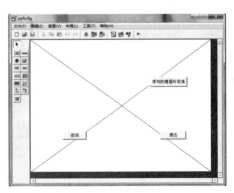

图 9.7　频域分析界面创建

对应"序列的傅里叶变换"按钮回调函数 KeypressFcn 函数里面添加 run xlflybh; 和 close pyfx; 两条命令代码，可实现点击"序列的傅里叶变换"按钮时跳转到"xlflybh"界面；在"返回"按钮的回调函数 KeypressFcn 函数里面添加 run kaishi; 和 close pyfx; 两条命令代码，就能实现点击"返回"按钮时，返回到主界面；在"退出"按钮回调函数里面添加"close pyfx"代码，实现点击该按钮时关闭当前界面的功能；axes1 回调函数的设置代码与时域分析相同，不同的是将文字改写为频域分析即可.

3. 其他子界面的建立与功能实现

参照前面两个子界面的建立就能完成复频域分析子界面和滤波器子界面的建立与实现，其运行结果如图 9.8 和图 9.9 所示.

图 9.8　复频域分析界面

图 9.9　滤波器子界面

9.4　系统信号处理功能模块设计与实现

功能模块设计与实现是系统结构的底层模块，涉及教材信号处理的具体内容，是利用 GUI 涉及的直观的图像来解读理论知识. 不过从程序设计角度来看，其本质上还属于界面设计范畴. 采用图形功能界面主要是考虑在一个界面上实现多个功能而已，这就需要在一个界面上添加多个编辑框、多个命令按钮、多个静态文本等. 这时需要有一个良好的界面布局，但是过多的控件显示在界面上会使界面显得太繁杂，这时就需要一个弹出菜单来实现功能界面的布局. 由于各个功能界面是在原来的主界面或者子界面添加一个弹出菜单，所以各个功能界面设计与功能的实现原理都相似，不同点在于编写程序功能的内核代码. 下面以典型序列（dxxh）功能界面的设计与实现为例说明具体实现方法.

（1）典型序列界面设计如图 9.10 所示. 典型序列界面包括"确定"按钮，"返回"按钮，其中"确定"按钮是当输入参数时，能在 axes2 中显示各种典型序列的图形，编辑框用来输入参数，弹出菜单用来选择各种典型序列的类型.

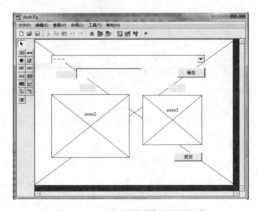

图 9.10　典型序列界面设计

（2）编辑弹出式菜单中典型序列的类型. 分别在弹出式菜单的 String 属性中输入典型序列的类型，如图 9.11 所示.

图 9.11　弹出式菜单 string 属性编辑

（3）弹出式菜单的功能实现. 这通过 MATLAB 中的条件语句"switch...case..."来实现，具体实现方法如下：

①单位采样序列. 当选择单位采样序列时，界面出现坐标系，介绍框和返回按钮，主要程序如下：

```
case 2
    axes(handles.axes2)
    set(handles.edit1, 'visible', 'off')
    set(handles.pushbutton2, 'visible', 'off')
    set(handles.pushbutton3, 'visible', 'off')
    set(handles.pushbutton4, 'visible', 'off')
    set(handles.pushbutton5, 'visible', 'off')
    set(handles.text1, 'visible', 'off')
    set(handles.text3, 'visible', 'off')
    set(handles.text4, 'visible', 'off')
    set(handles.axes3, 'visible', 'off')
    n=0:9
    N=10;
    x=zeros(1, N);
    x(1)=1
    stem(n, x, '.');
```

以上程序能实现单位采样序列的功能，其运行结果如图 9.12 所示.

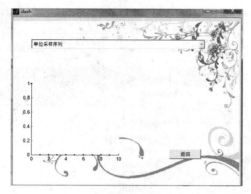

图 9.12　单位采样序列界面

　　②单位阶跃序列. 单位阶跃序列跟单位采样序列一样, 界面的显示基本上都一样, 具体实现的基本程序如下:

```
case 3
    axes(handles.axes2)
    set(handles.edit1, 'visible', 'off')
    set(handles.pushbutton2, 'visible', 'off')
    set(handles.pushbutton3, 'visible', 'off')
    set(handles.pushbutton4, 'visible', 'off')
    set(handles.pushbutton5, 'visible', 'off')
    set(handles.text1, 'visible', 'off')
    set(handles.text3, 'visible', 'off')
    set(handles.text4, 'visible', 'off')
    set(handles.axes3, 'visible', 'off')
    n=0:9
    N=10;
    x=ones(1, N)
    stem(n, x, '.');
```

其运行结果如图 9.13 所示.

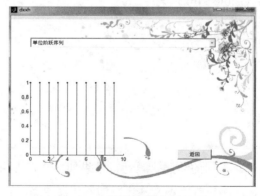

图 9.13　单位阶跃序列界面

③矩形序列界面的显示功能的实现. 这时界面会弹出参数框以及"确定"按钮, 具体实现方法如下:

```
case 4
    axes(handles.axes2)
    cla reset;
    axes(handles.axes3)
    cla reset;
    set(handles.edit1, 'visible', 'on')
    set(handles.pushbutton2, 'visible', 'on')
    set(handles.pushbutton3, 'visible', 'off')
    set(handles.pushbutton4, 'visible', 'off')
    set(handles.pushbutton5, 'visible', 'off')
    set(handles.text1, 'visible', 'on')
    set(handles.text1, 'string', 'N:')
    set(handles.text3, 'visible', 'off')
    set(handles.text4, 'visible', 'off')
    set(handles.axes3, 'visible', 'off')
```

其具体的运行结果如图 9.14 所示.

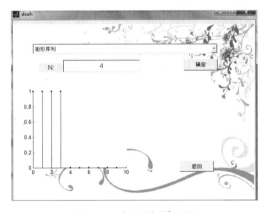

图 9.14　矩形序列界面

④实指数序列界面的功能实现, 通过如下程序实现该功能:

```
case 5
    axes(handles.axes2)
    cla reset;
    axes(handles.axes3)
    cla reset;
    set(handles.edit1, 'visible', 'on')
    set(handles.pushbutton2, 'visible', 'off')
    set(handles.pushbutton3, 'visible', 'on')
```

```
    set(handles.pushbutton4, 'visible', 'off')
    set(handles.pushbutton5, 'visible', 'off')
    set(handles.text1, 'visible', 'on')
    set(handles.text1, 'string', 'a:')
    set(handles.text3, 'visible', 'off')
    set(handles.text4, 'visible', 'off')
    set(handles.axes3, 'visible', 'off')
```

其运行结果如图 9.15 所示.

⑤正弦序列界面功能的实现方法如下:

```
case 6
    axes(handles.axes2)
    cla reset;
    axes(handles.axes3)
    cla reset;
    set(handles.edit1, 'visible', 'on')
    set(handles.pushbutton2, 'visible', 'off')
    set(handles.pushbutton3, 'visible', 'off')
    set(handles.pushbutton4, 'visible', 'on')
    set(handles.pushbutton5, 'visible', 'off')
    set(handles.text1, 'visible', 'on')
    set(handles.text1, 'string', 'w:')
    set(handles.text3, 'visible', 'off')
    set(handles.text4, 'visible', 'off')
    set(handles.axes3, 'visible', 'off')
```

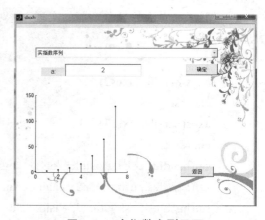

图 9.15　实指数序列界面

其运行结果如图 9.16 所示.

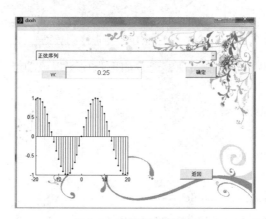

图 9.16　正弦序列界面

⑥复指数序列的具体实现方法如下:

case 7

```
        axes(handles.axes2)
        cla reset;
        axes(handles.axes3)
        cla reset;
        set(handles.edit1, 'visible', 'on')
        set(handles.pushbutton2, 'visible', 'off')
        set(handles.pushbutton3, 'visible', 'off')
        set(handles.pushbutton4, 'visible', 'off')
        set(handles.pushbutton5, 'visible', 'on')
        set(handles.text1, 'visible', 'on')
        set(handles.text1, 'string', '复指数:')
        set(handles.text3, 'visible', 'on')
        set(handles.text3, 'string', '实部')
        set(handles.text4, 'visible', 'on')
        set(handles.text4, 'string', '虚部')
        set(handles.axes3, 'visible', 'on')
```

其运行结果如图 9.17 所示.

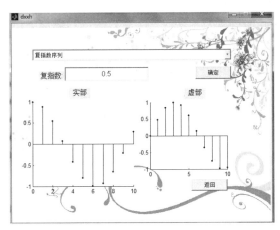

图 9.17　复指数序列界面

本界面里 "返回" 按钮的功能实现方法可参阅 9.3.2 节.

参 考 文 献

[1]　张立村，王民. 数字信号处理学习指导[M]. 北京：北京邮电大学出版社, 2012.

[2]　俞卞章. 数字信号处理导教·导学·导考——三导丛书[M]. 西安：西北工业大学出版社，2003.

[3]　万永革. 数字信号处理的 MATLAB 实现[M]. 2 版. 北京：科学出版社，2016.

[4]　普罗克斯，马诺拉可斯. 数字信号处理——原理、算法与应用导[M]. 北京：电子工业出版社，2013.

[5]　魏鑫. MATLAB R2014a 从入门到精通[M]. 北京：电子工业出版社, 2015.

[6]　刘浩，韩晶. MATLAB R2012a 完全自学一本通[M]. 北京：电子工业出版社，2013.

[7]　周建兴，等. MATLAB 从入门到精通[M]. 2 版 北京：人民邮电出版社，2012.

[8]　景振毅，张泽兵，董霖. MATLAB 7.0 实用宝典[M]. 北京：中国铁道出版社，2009.

[9]　陈怀琛. 数字信号处理教程——MATLAB 释义与实现[M]. 3 版 北京：电子工业出版社，2013.

[10]　沈再阳. 精通 MATLAB 信号处理 精通 MATLAB [M]. 北京：清华大学出版社，2015.

[11]　王永玉，孙衢. 数字信号处理及应用——实验教程与习题解答[M]. 北京：北京邮电大学出版社，2009.